FSC
www.fsc.org
MIXTE
Papier issu
de sources
responsables
Paper from
responsible sources
FSC® C105338

Gérald Vignaud

¿Cambiar el mundo?

Comprender los desafíos sin precedentes del siglo XXI

<u>Prólogo</u>

Hace unos meses, escribí "La escuela es importante, pero la educación es primordial". Es un libro para el desarrollo personal que habla sobre la comprensión del mundo, la comunicación, las estrategias, la salud, la ecología y la construcción del futuro. Lo escribí instintivamente y apasionadamente porque es la guía personal que me hubiera gustado tener cuando era más joven. El que me gustaría poder pasarle a mi hijo cuando tenga edad para leerlo y entenderlo. Es un libro muy completo de más de 600 páginas escritas en letra pequeña. Por experiencia, sé que sólo una minoría de la gente lee libros de este tamaño. Para que su contenido sea accesible al mayor número de personas, lo he dividido en cinco pequeños libros. Cinco temas esenciales que componen la colección "¡La educación es primordial!". "¿Cambiar el mundo?" es uno de estos cinco libros, una guía que estoy feliz de compartir con ustedes hoy.

Espero que sin importar su edad y situación actual de vida, le traiga algunas de las llaves que está buscando. Además, perdóneme por adelantado por las pocas "palabrotas" que encontrará aquí y allá en este libro. No soy naturalmente vulgar, pero cada palabra tiene una carga emocional única y precisa, por lo que he encontrado útil utilizar algunas de ellas de vez en cuando, para apoyar aún más algunas de mis palabras. Además, como notarán, este libro está escrito en la forma masculina. Por supuesto, hay que ver detrás de este enfoque editorial la idea de una comunicación 100% neutral y genérica. Obviamente me dirijo a todos aquí, tanto a las chicas como a los chicos.

Como descubrirán, hago muchas preguntas en este libro a las que les invito a reflexionar y responder con toda sinceridad. Además, en cuanto a su uso, no dude en romper las reglas y leerlo con un bolígrafo a mano. Escriba directamente en él sus respuestas a las preguntas de los ejercicios propuestos. Escriba todas las ideas y pensamientos que le lleguen en los márgenes y en las páginas en blanco. Resalta los pasajes y citas que te hablan en fluo, pega las páginas y no tengas miedo de dañarlas. Nunca pierdas de vista el hecho de que un libro de piedra del que has sacado e integrado todas tus ideas es diez mil veces más valioso que un libro que nunca ha sido abierto y ha sido almacenado durante años en un estante polvoriento.

Además, quiero que sepas que tus comentarios e ideas son esenciales para mí. Me ayudan a cuestionarme constantemente y a mejorar constantemente lo que he estado haciendo durante los últimos 20 años. En esta era de Internet y de la comunicación horizontal, leer un libro sin poder comunicarse con su autor me parece, desde mi punto de vista, una incoherencia. Así que rompamos juntos este patrón tradicional y démonos la posibilidad de ponernos en contacto si es necesario (sugiero que nos conozcamos por el nombre de pila). Para ello, he creado un formulario de contacto gratuito y privado en mi página web en la siguiente dirección:

www.geraldvignaud.com/livre-contact

No dudes en ir allí para compartir tus sentimientos sobre este libro conmigo. Personalmente leo todos los mensajes e intento contestarlos lo más a menudo posible.

También puedes encontrarme en las redes sociales:

Así como en mi página web:

www.geraldvignaud.com

Te veré pronto,

Amistoso,

Gérald Vignaud

Resumen

Era simplemente inconcebible para mí escribir un libro como este sin evocar este magnífico poema de Rudyard Kipling. Lo escribió en 1910, para su hijo de 13 años de edad.

Publicado bajo el título inglés "If", este texto es, en mi opinión, uno de los más bellos y poderosos poemas jamás escritos. Y como ahora ha caído en el dominio público, es por lo tanto con gran placer que lo comparto aquí, como preámbulo de este libro, para invitarles a (re)descubrirlo. ☺

Serás un hombre, hijo mío (Si)

Si puedes mantener intacta tu firmeza
cuando todos vacilan a tu alrededor
Si cuando todos dudan, fías en tu valor
y al mismo tiempo sabes exaltar su flaqueza

Si sabes esperar y a tu afán poner brida
O blanco de mentiras esgrimir la verdad
O siendo odiado, al odio no le das cabida
y ni ensalzas tu juicio ni ostentas tu bondad

Si sueñas, pero el sueño no se vuelve tu rey
Si piensas y el pensar no mengua tus ardores
Si el triunfo y el desastre no te imponen su ley
y los tratas lo mismo como dos impostores.

Si puedes soportan que tu frase sincera
sea trampa de necios en boca de malvados.
O mirar hecha trizas tu adora quimera
y tornar a forjarla con útiles mellados.

Si todas tu ganancias poniendo en un montón
las arriesgas osado en un golpe de azar
y las pierdes, y luego con bravo corazón
sin hablar de tus perdidas, vuelves a comenzar.

Si puedes mantener en la ruda pelea
alerta el pensamiento y el músculo tirante
para emplearlo cuando en ti todo flaquea
menos la voluntad que te dice adelante.

Si entre la turba das a la virtud abrigo
Si no pueden herirte ni amigo ni enemigo
Si marchando con reyes del orgullo has triunfado
Si eres bueno con todos pero no demasiado

Y si puedes llenar el preciso minuto
en sesenta segundos de un esfuerzo supremo
tuya es la tierra y todo lo que en ella habita
y lo que es más serás hombre hijo mío.

Rudyard Kipling (1865-1936)

<u>**Parte 1**</u>

—

¡Amar, crecer y dar,
los tres objetivos finales de toda la vida!

Gandhi

La película ''ZEITGEIST: Moving Forward'', la tercera parte de la excepcional trilogía de Peter Joseph (que les invito a descubrir), comienza con esta historia de Jacque Fresco. Lo cito:

Mi abuela era una mujer maravillosa, me enseñó a jugar al Monopoly. Comprendió que el objetivo del juego es adquirir y que acumulando todo lo que pudiera, se convertiría en la "señora del juego". Entonces, siempre me decía lo mismo: un día tú también aprenderás a sobresalir en este juego.

Un verano, jugué al Monopoly casi todos los días, todo el día. Y ese verano, aprendí a dominar todas las facetas del juego. Llegué a comprender que la única manera de ganar es dedicarse totalmente a la adquisición, que el dinero y la posesión son los medios para ganar puntos. Y para el final del verano, me había vuelto aún más despiadado que mi abuela. Incluso estaba dispuesto, si era necesario, a torcer las reglas para ganar el juego.

En el otoño, jugamos juntos de nuevo. Tomé todo lo que tenía. La vi renunciar a su último dólar y dejar el juego, completamente derrotada. Fue entonces cuando me enseñó algo más. Acaba de decírmelo:

- ¡Ahora todo vuelve a la caja! Todas esas casas y hoteles. Todos los ferrocarriles y servicios públicos. Toda esa propiedad y todo ese maravilloso dinero. Ahora todo vuelve a la caja porque nada de esto te pertenecía realmente. Estuviste entusiasmado con todas estas cosas durante un tiempo, pero estaba allí mucho antes de que te sentaras en esa mesa y estará allí mucho después de que te hayas ido: los jugadores vienen, los jugadores se van. Casas y coches, títulos y ropa, incluso tu cuerpo. **Todo lo que agarres, consumas y acumules en tu vida volverá a la caja al final y lo perderás todo.**

Así que tienes que preguntarte: ¿Qué pasará cuando finalmente consigas el último ascenso? ¿Cuándo haces la última compra? ¿Cuando compras la casa de tus sueños? Cuando hayas asegurado tus ahorros y subido la escalera del éxito al nivel más alto que puedas alcanzar... Cuando la pasión se desvanezca - porque se desvanecerá -... ¿Qué pasará después? ¿Hasta dónde tienes que ir por ese camino antes de ver a dónde te lleva? Obviamente, un día entenderás que nunca será suficiente. Así que, tienes que hacerte hoy la pregunta:

« ¿Qué es realmente importante? »

« El sentido de la vida es lo que queda cuando te deshaces
de todas las tonterías. »

Juli Zeh

De hecho, si uno da un paso atrás y un mínimo de objetividad, parece indiscutible que Jacque Fresco tiene razón cuando explica que al final del juego, todo vuelve a la caja. Entonces, ya que sólo estamos de paso, invitados por una pequeña chispa de tiempo en - como Voltaire tan acertadamente dijo - un átomo de barro, ¿cuál sería el significado final de la vida?

Por mi parte, creo que el significado fundamental de la vida puede resumirse en tres cosas simples pero absolutamente esenciales: **Amar, Crecer** y **Dar**.

Para convencerse de ello, basta con mirar a un niño de 2/3 años, durante sus primeros años, aquellos en los que su Madre -derivada de la oxitocina generada por su nacimiento- lo preserva al máximo de lo negativo de nuestro mundo y le ofrece mucho amor. Durante este período muy especial de la vida, cuando aún no está sujeto a un condicionamiento social masivo, los únicos objetivos del día de un niño muy pequeño son simples: Amar, crecer y dar.

Amar

Amar es algo que todos experimentamos más o menos en nuestras vidas. Si profundizamos un poco más en el tema, nos damos cuenta de que hay cuatro niveles diferentes de amor:

1/ Amor **centrado en sí mismo**: Recibo pero no quiero dar nada. ¡Exijo amor!

2/ Amor **a cambio**: Te doy amor pero espero algo a cambio. (Para decirlo claramente, estoy siendo una puta.)

3/ Amor **verdadero**: Doy amor porque quiero darlo, sin pedir nada a cambio.

4/ Amor **incondicional**: Amo a todos, incluso a los que no me aman y a los que me han hecho daño.

Es este cuarto nivel de amor del que estamos hablando aquí - un amor incondicional que vamos a ofrecer a todo el mundo, independientemente de quiénes son y lo que potencialmente nos han hecho - al que tenemos que aspirar. Para muchos, es un nivel muy difícil de alcanzar, y sólo una pequeña minoría de personas puede hacerlo. Y estas personas tienen un poder muy grande porque el amor es la fuerza más poderosa del Universo. Es una fuerza colosal y fundamental que permite el desarrollo de una extraordinaria fuerza de voluntad y determinación. El amor magnifica todas las experiencias y tiene el poder de unir, guiar y liberar a los seres. El amor es una fuerza para el perdón, la curación y la curación. El amor es la única manera de captar la verdadera profundidad de alguien, de penetrar en la esencia misma de su personalidad. Permite al amante descubrir, más allá de las apariencias, los rasgos esenciales de la persona amada y así abrir todo un mundo de nuevas posibilidades.

Tener éxito en la vida es sin duda alguna amarse a uno mismo, amar a los demás y amar la vida. Todas las formas de vida. Y para amar, nada podría ser más simple. Cuando estás con alguien, quienquiera que seas y cualquiera que sea el entorno y la situación, simplemente, sincera y secretamente piensas "te quiero" en contra de ellos. Sentir amor y gratitud por esa persona en particular y por la vida en general. Siente gratitud por el Universo y agradécele interiormente por todas las cosas que ya te ha dado, así como por todas las cosas que se está preparando para darte. Si estoy seguro de una sola cosa, es que es indudablemente a través del amor y la gratitud que el ser humano encontrará la salvación.

« Hay una eficiencia inspirada por el amor que va mucho más lejos y es mucho más grande que la eficiencia inspirada por la ambición. »

Jiddu Krishnamurti

Crecer

En los últimos decenios, el desarrollo personal se ha convertido en una de las religiones dominantes en nuestras sociedades cada vez más individualizadas. Y la industria que se ha desarrollado detrás de ella genera enormes cantidades de dinero en libros, programas, conferencias y seminarios. Pero mientras más y más gente quiere crecer, y eso es algo muy bueno, muchos sueñan con encontrar recetas milagrosas. Una gran parte de esta famosa industria que acabo de mencionar se vende, a veces muy caro y siempre con placer. Trucos que se supone que los hacen evolucionar rápidamente mientras obviamente evitan el esfuerzo y el sufrimiento. El objetivo de estas personas suele ser el mismo: llegar a ser más para poder ganar y poseer más.

Desde mi punto de vista, creo que el desarrollo personal se trata ante todo de conocerse a sí mismo. Analizar el "código fuente" de uno - por qué y cómo reacciona uno a los eventos - y entender el funcionamiento personal de uno.

« El hombre ignorante no es el iletrado,
sino el que no se conoce a sí mismo. »

Jiddu Krishnamurti

Entonces creo que es entender el Universo en el que vivimos. El funcionamiento de sus bases elementales como las matemáticas, la física, la biología, la botánica, la geografía, la astrofísica, etc., es una parte fundamental del universo. Para tomar conciencia de lo infinitamente grande y lo infinitamente pequeño. Para darse cuenta de que sólo somos huéspedes en este planeta por una pequeña chispa de tiempo.

Crecer también lo es, ya que por un lado vivimos en él y por otro lado tenemos que contribuir a hacerlo mejor, a comprender el mundo de los hombres. El funcionamiento de todas estas cosas, en el origen de las ideas abstractas y completamente artificiales, que hoy en día se han convertido en los pilares elementales de nuestras sociedades: el dinero, el concepto de crecimiento, los medios de comunicación, la publicidad, el entretenimiento de masas, las multinacionales, la masonería, el lobbying, GAFA, BATX, el capitalismo, la deuda, los paraísos fiscales, la bolsa, el comercio de alta frecuencia (THP), la crisis económica mundial, el criptodinero, etc. Todas estas cosas, que no existían en la Tierra durante los casi 4.500 millones de años anteriores al advenimiento del Homo sapiens, se han convertido hoy en elementos muy concretos. Fuerzas que han tomado el control de la dirección de la evolución de nuestro planeta hasta tal punto que tienen derecho a la vida o a la destrucción de cosas que originalmente eran muy reales -y sobre todo indispensables- como la naturaleza y los animales.

Todo esto obviamente nos lleva, como especie, a cuestionarnos y tratar de entender tres cosas muy importantes.

➢ ¿De dónde venimos?

    o Desde el nacimiento del Universo, seguido del nacimiento de nuestro sistema solar, la aparición de la vida en la Tierra, el advenimiento de los primeros homínidos, la aparición del Homo sapiens, el comienzo del período Neolítico, el nacimiento de las civilizaciones y toda la historia del mundo hasta el día de hoy.

➢ ¿Dónde estamos hoy?

    o Las diferentes situaciones en las que se encuentra nuestro mundo hoy en día no son el resultado del azar o del destino. Es una multitud de eventos combinados que trazan una trayectoria única desde nuestro pasado hasta nuestro presente. Y esta trayectoria única que se detiene en el hoy deja en potencial un número infinito de posibles trayectorias desde el presente hasta el futuro. Y por esta razón, sólo habiendo respondido correctamente a estas dos primeras preguntas podemos intentar responder a la tercera:

➢ ¿Adónde vamos?

> o Y a esta importante pregunta, debemos entender que la respuesta no es un destino escrito de antemano. Iremos donde nosotros, individual y colectivamente, decidamos ir. Depende de nosotros decidir tomar las decisiones correctas.

Por último -y sobre todo- creo que crecer significa desarrollar, en un viaje interminable, los propios talentos, habilidades, pasiones, conocimientos, habilidades interpersonales, compasión, actitud, comunicación, capacidad de resistir, capacidad de dejar ir, sinceridad y mucho más. Cosas que contribuirán a llevarnos a un despertar espiritual y a un crecimiento personal cuyo objetivo final es dar y contribuir.

Dar

Una mujer camina por la calle con su hija de 5 años sosteniendo dos manzanas, una en cada mano. Juntos, pasan al lado de un vagabundo sentado en el suelo que les llama y les dice que tiene hambre. La madre, en una mezcla de vergüenza y empatía, no se atreve a decirle que no. Sin tener cambio, se vuelve a su hija y le pide que le dé una de sus dos manzanas al hombre hambriento. La niña tuvo entonces un gesto sorprendente: rápidamente le llevó la primera manzana a los labios y luego mordió un pedazo de ella. Incluso antes de que su madre pudiera reaccionar, hizo exactamente lo mismo con la segunda. Sorprendida, la madre levantó la voz:

- ¿Cómo te atreves a hacer eso, hija mía, cuando este caballero está durmiendo fuera y tiene hambre?

Sin escuchar ni responder a su madre, la niña continuó su movimiento, entregando una de las dos manzanas al hombre sentado en el suelo. Ella le sonrió y le dijo:

- ¡Aquí, toma este, es el mejor! ☺

Esta historia nos muestra dos cosas:

- o La primera es que los adultos estamos inundados de programación inoportuna que con demasiada frecuencia nos impide dejar de creer en la inocencia misma.

- o La segunda es que la esencia de la programación de un niño es compartir. Sólo nosotros, los adultos, corrompemos desde nuestras creencias esta programación natural que hacemos que los niños pierdan al crecer. Tal vez entonces deberíamos dar a todos los niños del mundo este sabio consejo que una vez leí en la camiseta de alguien que conocí en la calle: « ¡Eh, niño, no crezcas, es una trampa! »

Tal vez también deberíamos aprender a volver a la infancia y recuperar esta noción natural de compartir. Compartir, un elemento que será indispensable para transformar nuestro mundo enfermo.

« ¿Por qué siempre vender cuando hay tanto que dar? »

Jean-Jacques Goldman

Creo profundamente que compartir, dar y contribuir son algunos de los propósitos esenciales de la vida. Cuando se hace con sinceridad y libertad, sin esperar nada a cambio, ni siquiera reconocimiento, supera a la propia persona y eleva la vida a un nivel superior. Hay una espiritualidad en el compartir y contribuir.

Redefiniendo el éxito

Hoy en día, parece que en sus inmensas mayorías, las poblaciones de Homo sapiens se han desconectado de estos tres fundamentos esenciales de la vida. Es como si la esencia misma de Amar, Crecer y Dar hubiera sido completamente aplastada por la complejidad de nuestras sociedades actuales comprometidas en una loca carrera. Un mundo que, en el extremo opuesto de estos valores, ha erigido un modelo predominante de éxito basado en el dinero, el ego, la fama, el poder, la belleza exterior, el reconocimiento, el placer inmediato y la diversidad - no la calidad y la profundidad - de las experiencias de vida.

Un modelo amplificado por la llegada de las redes sociales que han empujado a la gran mayoría de las personas, especialmente en las generaciones más jóvenes, a subir al escenario. Hoy en día, una gran parte de la población está compitiendo entre sí con ingenio para hacer creer al mundo la verdad de su supuesto éxito cuando, paradójicamente, la mayoría de ellos están muy lejos de él. Tanto es así que ahora hay una ley casi no escrita que es casi inimaginable y que es cierta en más del 99% de los casos: "Cuanto más pareces tener una vida extraordinaria en las redes sociales, más mierda de vida es realmente...".

Y esta creciente discrepancia entre la imagen que queremos mostrar y la realidad fáctica que experimentamos se ve alentada por la permanente sobrepuja de la imagen dada por "los otros" que también son prisioneros voluntarios del mismo proceso estúpido. Todo esto aumenta drásticamente la sensación de vacío y soledad, acentuando así, en un círculo vicioso interminable, la brecha entre la imagen que uno trata de dar y la realidad fáctica de su vida...

Y además, ¿cuántas de estas personas con "una vida tan extraordinaria" están vacías y deprimidas cuando se van a la cama por la noche, cuando se encuentran a solas con ellos mismos? ¿Cuántos de estos "miles de amigos que los siguen en las redes sociales" tienen problemas para encontrar a alguien que riegue sus plantas cuando se van de vacaciones?

Y ya que estamos en el tema, ¿conoces a alguien que lo haga? Tal vez incluso entre estas personas que están tan prisioneras de sus apariencias hay una persona que conoces muy bien. ¿Sabes de quién estoy hablando?

« El gran error de nuestro tiempo, ha sido el de inclinarse, afirmo incluso doblar, el espíritu de los hombres hacia la búsqueda del bien material. Es necesario volver a levantar el espíritu del hombre, volverlo hacia la conciencia, hacia lo bello, lo justo y lo verdadero , lo desinteresado y lo grande. Es ahí y solamente ahí, donde encontrarás la paz del hombre consigo mismo y por consiguiente con la sociedad. »

Victor Hugo

Como señaló acertadamente el Dalai Lama, el mundo no necesita personas que "triunfen" (cuando habla de "éxito", obviamente se refiere al modelo de éxito predominante en nuestras sociedades del que acabamos de hablar, no al que hablaremos a continuación). Por el contrario, dijo, el planeta necesita desesperadamente más pacificadores, curanderos, narradores y entusiastas de todo tipo.

¿Y si, en lugar de ser esclavo de este modelo predominante que la sociedad nos impone, redefiniera su propio modelo de éxito? Una redefinición que podría implicar una liberación de las cosas materiales y un mayor despertar espiritual. ¿Por una capacidad personal de reenfocarse en su interior? ¿Para liberarte de tus adicciones? ¿Experimentar la serenidad y la paz interior? ¿Ser feliz y compartir esta felicidad a tu alrededor? ¿Contribuir a un mundo mejor? Porque el mundo, en este momento tan especial de la historia humana, te necesita desesperadamente...

¿Cuál es mi (nueva) definición personal de éxito?

____

____

____

____

____

____

____

____

____

____

____

____

____

El éxito según Ralph Waldo Emerson (1803-1882): Reírse a menudo y amar mucho; ganarse el respeto de las personas inteligentes y el afecto de los niños; conseguir la aprobación de los críticos honestos y soportar la traición de los falsos amigos; apreciar la belleza; descubrir lo mejor de los demás; dar lo mejor de uno mismo sin esperar nada a cambio; mejorar el mundo un poquito con un hijo sano, un alma rescatada, un trozo de jardín o una condición social redimida; haber jugado y reído con entusiasmo y cantado con exaltación; saber que por lo menos una persona ha respirado más fácilmente porque usted ha vivido; esto es haber triunfado.

Un momento muy especial en la historia de la humanidad

La larga historia del mundo da lugar a un comienzo particularmente complicado y delicado del siglo XXI. Ante nuestros ojos, nuestra era es testigo del surgimiento de una multitud de nuevos factores que están colisionando. Están transformando radicalmente nuestro planeta y nuestras civilizaciones, cada vez más rápido y no siempre para mejor. Entre ellos están los siguientes:

- <u>Una explosión demográfica sin precedentes</u>

Mientras que en 2020 ya hay más de 7.700 millones (7.700.000.000) de Homo sapiens en la Tierra, la explosión demográfica que comenzó hace 150 años se está volviendo un poco más pronunciada cada día. Volveremos a esto con más detalle en el próximo capítulo pero, para resumirlo en pocas palabras, en nuestro planeta, 160.000 personas mueren cada día por cada 400.000 nacidos. Esto significa que cada día el planeta está poblado por 240.000 Homo sapiens más. Con, por supuesto, todo lo que esto implica en términos de presión sobre los recursos, empezando por el agua y los alimentos.

- <u>La aceleración de la financiación de nuestras economías</u>

Una de las principales e inesperadas consecuencias de la crisis financiera de 2008 es la aceleración de la financialización de nuestras economías. Más que nunca antes en nuestra historia, el capital tiene ahora mucho más valor que el trabajo. Si a esto se añade la aparición y explosión del comercio de alta frecuencia, se crea el marco para crisis financieras mucho más graves con consecuencias dramáticas.

Tomando los siglos anteriores como punto de comparación, la humanidad del siglo XXI parece haber limitado realmente los estragos de las guerras, las epidemias y las hambrunas, las tres mayores causas de muerte en masa de su historia. Sin embargo, se enfrenta a nuevos desafíos que probablemente resulten mucho más complejos. Porque es un hecho que nuestro planeta alberga cada vez más gente, tiene cada vez menos recursos disponibles y sus ecosistemas están cada vez más dañados. Además, la ultraliberalización del mundo está ampliando la brecha entre los más ricos y los más pobres más que nunca, destruyendo más y más personas de clase media en el proceso, degradándolas efectivamente a las clases bajas.

Un mundo que se está volviendo cada vez más difícil y que la mayoría de las veces empuja a todos hacia el egocentrismo, la supervivencia y el individualismo. Y este nuevo mundo que está naciendo ante nuestros ojos será especialmente complicado para las personas más vulnerables, empezando por las mujeres y los niños de los países en desarrollo. Como recordatorio, hay 45 millones de personas viviendo una vida de esclavitud en la Tierra hoy en día, lo que es cercano a la población de España. Y esta cifra está destinada a aumentar con el tiempo.

<u>Importante precisión</u> : Con la palabra "esclavo" no me refiero a la gente que se deja deliberadamente encerrada en un sistema de creencias limitante y que se deja el culo trabajando en un trabajo de mierda. No hablo de toda esa gente que gana un salario miserable que apenas alcanza para sobrevivir miserablemente, y son miles de millones. No, estoy hablando de esclavos "reales" - domésticos, laborales o sexuales - en el sentido literal de la palabra.

- <u>Un mundo cada vez más urbanizado</u>

Desde el comienzo del período neolítico, los hombres comenzaron a reunirse para formar las primeras comunidades, el grupo que promueve el trabajo y la seguridad. No tomó mucho tiempo ver a estas primeras comunidades organizarse en aldeas. Pueblos que se convirtieron en ciudades. Fue alrededor de la mitad del primer milenio A.C. que la marca de 100.000 habitantes pareció ser alcanzada. Sin embargo, no fue hasta principios del siglo XIX que la marca del millón fue claramente cruzada, simultáneamente por Londres y Beijing. Otras ciudades occidentales como París y Nueva York siguieron el ejemplo. El auge industrial aceleró entonces este crecimiento urbano en Europa, Japón y América del Norte. El cambio hacia el gigantismo data de la segunda mitad del siglo XX. Las ciudades de más de 10 millones de habitantes -conocidas como megalópolis- se multiplicaron, principalmente en los países en desarrollo de Asia, África y América del Sur. Ahora hay varias docenas de ellos, Londres y París están lejos de ser los más grandes...

Aunque a menudo no tienen trabajo y viven en aldeas sin acceso a instalaciones energéticas y médicas, para muchos aldeanos las ciudades son sinónimo de inmensas oportunidades. Atraídas por la esperanza de oportunidades profesionales y un futuro mejor, todas estas poblaciones se ven así atraídas a centros urbanos cada vez más sobredimensionados y contaminados. Este fenómeno de éxodo rural se está acelerando cada vez más en los países con un fuerte desarrollo económico. Cada año, millones de personas dejan el campo para ir a las ciudades con la esperanza de una vida mejor. Mientras que hace un siglo sólo el 10% de la población mundial era urbana, hoy en día es el mundo urbano el que reina con más de la mitad de la humanidad viviendo en ciudades. Esta cifra crece cada día y se espera que supere los dos tercios de la población mundial en 2050. A mediano plazo, se prevé que otros 2.500 millones de personas vivan en ciudades, principalmente en África y Asia, sobre todo en países como la India, China y Nigeria. Este crecimiento de la población urbana provocará una explosión de la demanda de materias primas y energía y supondrá enormes desafíos - contaminación, energía, seguridad, transporte, vivienda, estilo de vida, etc.- que habrá que resolver.

La mayoría de las estimaciones predicen que para finales de siglo, el 75% de la población mundial será urbana.

« La gestión de las zonas urbanas se ha convertido en uno de los retos de desarrollo más importantes del siglo XXI. El éxito o el fracaso de la construcción de ciudades sostenibles será un factor importante en la configuración del futuro de la humanidad. »

John Wilmoth

- <u>Una evolución sin precedentes de nuestra dieta</u>

Nuestra dieta ha evolucionado más en los últimos cincuenta años que en el resto de la historia de la humanidad. Los desafíos sanitarios, económicos, ecológicos y éticos asociados a estos cambios son enormes y sin precedentes. Es uno de los mayores cambios en nuestra evolución e impacta absolutamente en toda la población mundial, presente y futura. Estas evoluciones son creadas y controladas de manera ultra-saludable por un puñado de multinacionales que controlan una de las industrias estratégicas más importantes que hay: ¡nuestra comida!

Industrializada al máximo, la agricultura intensiva de hoy en día se alimenta de semillas patentadas, OGM y pesticidas. Se centra únicamente en el máximo rendimiento sin tener en cuenta la salud, la diversidad de los cultivos y el respeto de los suelos y los ecosistemas. Sobre este tema (hagamos un pequeño marketing a un lado), ¿ha notado que la industria agroalimentaria ha logrado invertir las definiciones de los productos que ofrece sin que nos demos cuenta? Hoy en día, cuando se habla -por ejemplo- de un "tomate normal", es, por defecto en la mente de casi todas las personas, el resultado de una agricultura intensiva que utiliza OMG y plaguicidas. El uso de semillas y productos químicos genéticamente modificados que, si nos referimos a las leyes elementales de la Naturaleza, es todo menos normal. Por el contrario, cuando se produce sin OGM o pesticidas (normalmente, por lo tanto), el término "tomate" por sí solo no es suficiente para explicarlo y es entonces esencial especificar que es "Orgánico". En otras palabras, en lugar de decir "tomate de agricultura intensiva" y "tomate", hemos sido condicionados a decir y pensar "tomate" y "tomate orgánico". Y pasó sin vaselina.

En lo que respecta a la cría, no está mejorando. Hoy en día ya no criamos ganado, ¡lo producimos! Una producción cuyo objetivo declarado es el máximo rendimiento. Esta producción se lleva a cabo con grandes refuerzos - la mayoría de las veces como medida preventiva - de inyecciones masivas y regulares de antibióticos y sin ningún respeto por el animal y el medio ambiente. Y no estoy hablando aquí de la industrialización a todos los niveles de nuestra comida, en la que encontramos cantidades masivas de azúcar, sal, grasas procesadas, aditivos, colorantes y conservantes de todo tipo.

- <u>La epidemia de obesidad</u>

Y este gran cambio en nuestra dieta nos trae su cuota de problemas de salud ocultos, empezando por la obesidad. Una epidemia de obesidad que ahora afecta a más personas en el planeta que las hambrunas - sin embargo, está diezmando a muchas personas. Ya sea de los supermercados o de las cadenas de restaurantes, la comida que comemos todos los días está plagada de productos químicos. Estos aditivos están absolutamente en todas partes y en su mayoría desconocidos para la mayoría de la gente. Por ejemplo, una sola patata frita en un restaurante de comida rápida puede contener hasta diez aditivos diferentes.

Las consecuencias de toda esta química en nuestra salud son muy graves: aumento del riesgo de enfermedades cardiovasculares, infarto, hipertensión, enfermedades de la vesícula biliar, apnea del sueño, cáncer de útero, mama, próstata, colon, asma, infertilidad, diabetes, deficiencia hepática... etc. A esto se suma el impacto psicológico, la disminución de la calidad de las emociones y la calidad de vida de quienes la padecen. En promedio, la obesidad conlleva una pérdida de la esperanza de vida de unos 10 años.

Algunas cifras sobre la obesidad: En el momento de escribir este artículo, en Francia, 1 adulto de cada 6 es obeso y el 20% de los niños tienen sobrepeso. En este país, la obesidad mata a decenas de miles de personas al año. En los EE.UU., es peor: 1 de cada 3 niños tiene sobrepeso. 1 de cada 5 es obeso. Sólo en los EE.UU., hay 1.100 muertes al día relacionadas con la obesidad. En todo el mundo, 2 millones de personas mueren cada año por sus consecuencias. Los números están aumentando constantemente...

- <u>Las decenas de miles de sustancias químicas que han inundado nuestras vidas diarias</u>

Uno de los descubrimientos que el Homo sapiens también ha apreciado mucho es la química. Se divierte mucho con ello y, ya sea para sus necesidades domésticas, las de sus industrias o las de la agricultura intensiva, ha creado artificialmente una multitud de moléculas diferentes, cuyo número total se estima en varias decenas de miles. Moléculas que utiliza absolutamente en todas partes y cuyo daño colateral a la salud y al medio ambiente es incalculable. Y esto sin mencionar los "efectos cóctel" ligados a la multitud de mezclas - voluntarias o involuntarias - de estas moléculas entre sí.

« El mundo podría haber sido tan simple como el cielo y el mar. »

André Malraux

- <u>La ubicuidad de los disruptores endocrinos</u>

Una de las consecuencias de esta invasión de la química en nuestras sociedades es la omnipresencia de los disruptores endocrinos. En las últimas décadas, esta invisible sopa química de increíble diversidad ha penetrado en todos los aspectos de nuestra vida cotidiana hasta sumergirnos completamente. Muy a menudo peligroso para nuestra salud, está omnipresente en todas partes a nuestro alrededor: pasta de dientes, jabón, gel de ducha, champú, desodorante, perfume, cremas cosméticas, maquillaje, detergente, suavizante de telas, aditivos alimentarios, productos de limpieza, textiles, tinta, pintura, desinfectantes y otros productos industriales de todo tipo. Incluso nuestras cortinas y nuestra aspiradora las contienen...

La mayoría de las veces, estos contaminantes químicos tienen nombres impronunciables como "trifenilfosfato", "benzofenona" o "resorcinol". Existen porque "mejoran" un proceso de fabricación, conservación o aportan más textura, sabor, confort o seducción al producto. Pero sus efectos sobre nuestra salud son catastróficos: alteraciones en la calidad del sueño, el comportamiento y el estado de ánimo, desequilibrio del sistema hormonal, cánceres, infertilidad, malformaciones congénitas. Sin mencionar los residuos que generan, que causan daños irreversibles al medio ambiente...

- <u>Resistencia a los antibióticos</u>

Descubierto por Alexander Fleming a principios del siglo XX, los antibióticos se utilizan para combatir las bacterias. La penicilina, usada por primera vez en 1928, fue la primera de ellas. Durante varias décadas, su desarrollo hizo posible la cura de muchas enfermedades. Desde entonces, los antibióticos han salvado la vida de muchas personas y su uso se ha generalizado, hasta el punto de que ahora se utilizan ampliamente -como medida preventiva- en la agricultura y la apicultura industrial. En los seres humanos, incluso se prescriben muy a menudo y se utilizan cuando no deberían, por ejemplo en casos de infecciones virales.

Como resultado, debido a que ha sido - y sigue siendo - sobreutilizada, la terapia de antibióticos se está volviendo cada vez menos efectiva y miles de personas mueren cada año de infecciones que eran fácilmente curables hace sólo 10 años... Las bacterias están desarrollando cada vez más resistencia a los antibióticos, tanto que un número creciente de científicos están dando la alarma y anunciando la aparición de un importante problema de salud. Algunos incluso mencionan la posibilidad de un regreso al siglo XVIII, a la era prebiótica, donde la más mínima herida infectada podría resultar fatal. A principios de 2016, un informe británico anunció que, para 2050, la resistencia a los antibióticos causaría la muerte de 10 millones de personas en todo el mundo cada año si nada cambiaba. Y nada parece cambiar...

- <u>Contaminación electromagnética</u>

A mediados de los 90, las ondas electromagnéticas comenzaron a golpear el mundo en cantidades masivas. Los teléfonos móviles, las antenas de retransmisión y, más recientemente, los terminales wifi se han multiplicado a una velocidad asombrosa en casi todo el planeta, aunque ningún estudio científico independiente ha demostrado su inocuidad. Al contrario, las ondas tendrían un efecto perjudicial, especialmente en nuestro sistema nervioso central. Numerosos experimentos, incluidos algunos en ratas (cuyo ADN es muy parecido al de los humanos) han demostrado que las ondas promueven el desarrollo de tumores cancerosos y dañan las neuronas...

- <u>La explosión masiva de conocimiento y tecnología</u>

La digitalización del mundo, junto con la invención y el auge de Internet, ha transformado a la humanidad en un gigantesco cerebro colectivo. Esto ha permitido un intercambio masivo de conocimientos, lo que ha dado lugar a una explosión tecnológica sin precedentes. Y todos los sectores están involucrados, empezando por los objetos conectados, la realidad aumentada, los hologramas, los grandes datos, los algoritmos, la inteligencia artificial, el reconocimiento facial y de comportamiento, la realidad virtual, la robótica, los coches autónomos, los drones, la nanotecnología, la biotecnología, la informática, la ciencia cognitiva, la clonación, la impresión en 3D, la cadena de bloques e incluso la informática cuántica.

Pero si bien es cierto que el desarrollo de una tecnología <u>sólida es muy</u> probablemente parte de la solución a muchos de los grandes desafíos del siglo XXI, debemos dejar de creer que la explosión tecnológica por sí sola será la solución. Como señaló acertadamente Idriss Aberkane, un crecimiento exponencial de la tecnología que no vaya acompañado de un crecimiento exponencial de la sabiduría nos llevará imparablemente a un muro. Visto objetivamente, los increíbles avances tecnológicos que la humanidad está concibiendo ahora parecen traer muchos más peligros que soluciones. Y crean intensamente más necesidades de las que satisfacen…

- <u>La aparición de cripto-monedas</u>

Basado en el concepto de la cadena de bloques, 2008 vio el nacimiento de Bitcoin, la primera cripto-moneda. Desde entonces, una multitud de ellas ha entrado en existencia - en enero de 2020, había 2400. Aunque la mayoría de las cripto-monedas no valen casi nada porque no son propiedad de casi nadie, algunas de ellas como Bitcoin, Ethereum y Ripple están cambiando las reglas de la economía mundial. Pasan por alto todos los sistemas financieros tradicionales, abriendo la puerta a una multitud de aplicaciones, y se presentan como los principales actores del futuro de las finanzas.

Luego está Facebook, con sus más de dos mil millones de usuarios y su más que dudosa integridad, que está planeando lanzar su propia, la ya controvertida DIEM (ex-Libra). Un lanzamiento que, si sigue adelante, promete ser una poderosa bomba de racimo que podría tener un profundo impacto en el mundo.

Una de las principales consecuencias de la digitalización del mundo es la invasión de las pantallas. Mientras que durante mucho tiempo simplemente no existían (y a todos les iba muy bien), en sólo unas pocas décadas se han convertido en omnipresentes e indispensables.

Ordenadores, teléfonos inteligentes, tabletas, GPS, relojes conectados, vallas publicitarias, cajeros automáticos, cajas registradoras, distribuidores de billetes de tren, quioscos de facturación en aeropuertos, pantallas de información, pantallas de control... etc. Hoy en día, ya sea en casa, en el mundo de los negocios, en las instituciones, en las administraciones, en los lugares públicos, en la calle, en los vehículos e incluso en la gasolinera cuando llenamos el depósito, las pantallas nos acompañan a todas partes, a cualquier hora del día o de la noche. Sí, incluso de noche, porque hoy en día, ¿cuántos Homo sapiens se quedan dormidos con la televisión encendida o con los ojos pegados a sus teléfonos móviles o tabletas? Y, aunque son muchos menos, ¿cuántos se despiertan por la noche para ver si han recibido mensajes en WhatsApp, Insta o Snapchat para posiblemente responder? Esta situación puede hacerte sonreír, pero es importante saber que esto es lo que hace una gran proporción de adolescentes. Esto plantea un problema de salud muy serio porque, como probablemente ya sabes, el sueño es un momento crucial para el descanso y la formación de conexiones neurológicas. Algo particularmente importante y activo durante la adolescencia.

Hoy en día, no es raro ver a los padres entregando a sus hijos una pantalla mientras esperan su comida en un restaurante. Y cuando se les pregunta por qué, dicen que es la única manera de canalizarlos. Pero si ese es el caso, entonces ¿cómo lo hicieron los padres hace 30 años?

Aunque en algunos casos pueden aportar un verdadero valor añadido, la invasión de las pantallas trae consigo nuevos desafíos que hay que manejar: la adicción, la excitación malsana, la disminución de la concentración, la luz azul (que perturba el sueño) y la tendencia a la creencia absoluta en la información que se ofrece en ellas son la cara opuesta de un invento del que pocas personas se dan cuenta de lo mucho que ha cambiado el mundo. En términos generales, la invasión de las pantallas es un gran problema de salud. Pero la exposición masiva de los niños a las pantallas, especialmente desde una edad temprana, antes de que tengan cinco años, es un desastre absoluto. Todavía estamos muy lejos de imaginar las repercusiones que esto tendrá en su construcción y equilibrio personal, así como en su vida adulta, pero hay una buena posibilidad de que sean realmente perjudiciales. Nos vemos en 20 años...

« Lo que le hacemos a nuestros hijos es inexcusable. Tal vez nunca antes en la historia de la humanidad se ha realizado un experimento de descerebración a tan gran escala. »

Michel Desmurget

- <u>La invasión de lo ficticio a expensas de la realidad</u>

Siendo la imaginación y la risa una de las peculiaridades de nuestra especie, el Homo sapiens siempre ha puesto el entretenimiento en el corazón de su vida. Músicos, bailarines, narradores, comediantes, magos y trovadores de todo tipo siempre han marcado la vida de las diferentes civilizaciones humanas. Pero en las últimas décadas, ha cambiado profundamente su enfoque del entretenimiento, transformándolo en una gigantesca industria. Una máquina para crear universos virtuales particularmente bien diseñados, como los de Star Wars, Marvel, El Señor de los Anillos y Juego de Tronos. Ecosistemas completos - películas, música, merchandising, videojuegos, parques de atracciones, rumores...etc. - conocidos y consumidos por miles de millones de personas en todo el planeta. Como resultado de esta invasión masiva de entretenimiento ultra logrado y completamente adictivo, desafortunadamente notamos que entre los Homo sapiens de hoy en día, cada vez más tienen un mejor conocimiento de lo irreal y lo virtual que de su propio Universo. De hecho, a medida que se convierten en fans, hay otros innumerables que conocen todos los detalles históricos y técnicos de un universo ficticio creado a medida por la industria del entretenimiento. Como en el caso de La Guerra de las Galaxias, innumerables fans saben absolutamente todo sobre este universo, incluyendo una multitud de detalles inverosímiles como el tamaño exacto de la Estrella de la Muerte, la materia prima utilizada para fabricar el arma de Han Solo, la velocidad de crucero de esta o aquella nave, o detalles sobre la infancia de este o aquel personaje secundario de la película.

Seamos claros, obviamente no hay nada de malo en ser un fan de Star Wars o de Game of Thrones y ser lo suficientemente apasionado como para saber hasta el último detalle al alcance de la mano. El problema es que, aunque dominan cada detalle de sus mundos virtuales favoritos, muchos ni siquiera saben lo básico de cómo funciona su propio universo. El funcionamiento de todos estos ecosistemas en los que evolucionan y que, por su parte, son muy reales. En efecto, ¿no es alucinante descubrir que más del 9% de los franceses creen que "es posible que la Tierra sea plana y no redonda como nos han dicho desde la escuela"? Que una cuarta parte de los estadounidenses piensa que es el Sol el que gira alrededor de la Tierra o, peor aún, que el 7% de los adultos estadounidenses (que aún así suman más de 16 millones) piensan que la leche con chocolate proviene de vacas pardas?!?

Y no hablo de entender la importancia crucial de los océanos y los bosques tropicales para regular y equilibrar el clima...

- <u>La individualización del hombre y la artificialización de sus relaciones</u>

Hoy en día, cualquiera puede conectarse con cualquiera de los miles de millones de personas que componen la comunidad de Facebook a través de su teléfono inteligente. Además, aún con tu teléfono, puedes en pocos segundos descargar la aplicación Tinder y "elegir" a una persona para pasar la noche (o más) con sólo deslizar a la derecha los perfiles que te gusten. Sólo hablo de dos de las plataformas más famosas aquí, pero la realidad es que las herramientas para conectarse a otras son incontables y las conexiones potenciales casi infinitas. La llegada de los teléfonos inteligentes, las redes sociales y estas aplicaciones de "citas desechables" ha instalado y generalizado una extraña paradoja en la que vemos a todo el mundo conectarse virtualmente con todos los demás y, al mismo tiempo, se encuentran completamente solos, sus ojos absorbidos por esta pantalla que cabe en su mano. Una pantalla que se traga el tiempo, absorbe la atención y a veces incluso destruye las neuronas. Esta pantalla de un smartphone cuya única visión de pérdida u olvido suele provocar el pánico inmediato de su dueño.

En este contexto, si bien hay infinitamente más personas con las que uno puede encontrarse potencialmente que tiempo para hacerlo, la tendencia general es reducir considerablemente la profundidad de las relaciones de uno, así como el nivel de presencia con cada una de ellas. Una trampa que empuja a cada uno a ser cada vez más artificial, superficial e individualista en la "gestión" de sus relaciones...

- <u>La polarización de nuestras sociedades</u>

Las redes sociales -incluidas Facebook, Instagram, Twitter, Snapchat, TikTok, YouTube y Pinterest, por nombrar las más famosas- están en el centro de una industria nueva y poco conocida: la de los datos personales que recogen cuando utilizan sus plataformas. Y para desarrollar una rentabilidad sobresaliente, estas empresas han desarrollado un modelo de negocio muy poco saludable y ultraeficiente. Para mantenernos el mayor tiempo posible atrapados frente al contenido que emiten, estos nuevos gigantes económicos han desarrollado un sistema de "burbujas de filtro". Gracias a poderosos algoritmos en perpetua evolución, nos proporcionan sin cesar información a medida que corresponde exclusivamente a lo que queremos ver y oír; reforzando un poco más cada día nuestras creencias, sean cuales sean...

Como resultado, cada usuario de una red social tenderá a desarrollar la certeza, regularmente mantenida y amplificada, de que sus puntos de vista son <u>LA</u> verdad. Esto a menudo lleva a la creencia de que todos los que no piensan como él están necesariamente equivocados. No hay mejor manera de dividir a las sociedades desde dentro y así preparar el terreno para guerras civiles violentas...

Para aprender más sobre este tema crucial y más que problemático, tómese el tiempo de leer "Zucked" de Roger McNamee, de mirar " El dilema social" en Netflix y de visitar thesocialdilemma.com.

- <u>El aumento de la delincuencia</u>

En nuestro mundo cada vez más duro, el dinero vale mecánicamente más y más. Esto está dando lugar a un aumento masivo de la delincuencia, que suele afectar sobre todo a las personas más débiles y menos informadas. Este aumento se ha visto acentuado por la digitalización del mundo, que ha invadido nuestra vida cotidiana y de la cual sólo un pequeño porcentaje de la población ha dominado lo básico. En su excelente libro ''Les crimes du futur'', Marc Goodman estima que el porcentaje del PIB mundial con fuentes criminales debería duplicarse en las próximas décadas...

- <u>El fin de la privacidad</u>

En las últimas décadas, la evolución exponencial de la tecnología y de nuestros medios de comunicación ha dado a la palabra "vigilancia" una dimensión completamente nueva. El reconocimiento facial y del comportamiento, la geolocalización de nuestras computadoras, el GPS y los teléfonos móviles, la lectura automatizada de matrículas, los pagos con tarjetas de crédito, la mensajería y las comunicaciones telefónicas, las actividades en redes sociales, los objetos conectados, los juegos y aplicaciones en nuestros móviles, las consultas en los motores de búsqueda, las compras, la visualización de vídeos en YouTube, los navegadores web y los buzones de correo -por nombrar sólo algunos- conforman el perfil personal de cada individuo. Todos nuestros comportamientos son rastreados, identificados, guardados, analizados y agrupados. Desde los más insignificantes hasta los más relevantes, todas las alucinantes cantidades de datos que producimos cada día forman un retrato ultrapreciso de todos y cada uno de nosotros. Desde nuestro fugaz estado emocional hasta nuestros rasgos de carácter íntimo, nuestro estilo de vida y hábitos de consumo, nuestros gustos, nuestras influencias, nuestras relaciones, nuestras opiniones políticas, nuestras aspiraciones espirituales o nuestras orientaciones sexuales y excitaciones, ¡no falta nada!

Desde los atentados del 11 de septiembre de 2001, se han aprobado oportunamente muchas leyes para legalizar y aumentar esta recopilación de inteligencia y datos de todo tipo. Con el fin de proporcionarnos, dicen, más seguridad, algunos líderes están tomando decisiones que nos llevan inexorablemente a un mundo ultraconectado y bajo vigilancia masiva y permanente. Estas colosales montañas de datos recopilados y agregados se conservan con el tiempo y forman una especie de sombra digital personal que crece cada día y nos sigue indefinidamente. Pero tal vez lo peor está por venir: con cada crisis importante, los gobiernos de todos los países aprovechan la conmoción y los temores que genera para imponer aún más leyes destructoras de la libertad. En particular en Francia, donde la emoción muy fuerte ligada a los ataques terroristas de 2015 ha llevado al establecimiento de un estado de emergencia temporal ... que desde entonces se ha convertido en permanente. ¡Por lo tanto, esperamos descubrir todas las leyes que, en nombre de la protección de nuestra salud, surgirán después de la pandemia COVID 19! (que, en el momento de escribir esto, acaba de empezar)

Una de las consecuencias malsanas y desafortunadas de todo esto es que un niño - quienquiera que nazca hoy - crecerá y pasará toda su vida sin ninguna privacidad o intimidad personal. A lo largo de su vida, todas sus ideas, experiencias, errores, pensamientos, intereses, acciones, éxitos, fracasos, opiniones y emociones serán rastreadas, analizadas, almacenadas e intercambiadas por una multitud de personas, empresas, instituciones y organismos gubernamentales cuya existencia misma desconoce. Pero como Edward Snowden señala correctamente, la esencia misma del ser y la personalidad de cada ser humano no puede construirse sin intimidad y privacidad.

« Argumentar que no te importa el derecho a la privacidad porque no tienes nada que esconder es como decir que no te importa la libertad de expresión porque no tienes nada que decir. »

Edward Snowden

- ## La inclinación de los centros de gravedad de las diferentes potencias que conforman el mundo.

Uno de los principales cambios de los últimos decenios ha sido el desplazamiento de los centros de gravedad de las diversas potencias que conforman el mundo. Desde el oeste, se está desplazando hacia el este. Desde las costas del Atlántico, se está desplazando hacia las costas del Pacífico. Desde los Estados, se está desplazando hacia las multinacionales. Las multinacionales, incluidas las del sector digital y de las nuevas tecnologías, que en apenas 20 años han sacudido el juego económico mundial, destronando a las todopoderosas industrias financieras y de combustibles fósiles (pero que siguen funcionando muy bien, no se preocupe). Sin mencionar todas esas numerosas comunidades subterráneas silenciosas que, gracias a sus ramificaciones internacionales y a los considerables recursos humanos y financieros que poseen, colocan sus peones donde pueden.

Y en medio de todos estos trastornos, podemos ver a Europa envejeciendo y colapsando por su propio peso ya que, además de la India y China, emergen países con gran potencial como México, Brasil, Sudáfrica, Turquía, Tailandia, Vietnam e Indonesia.

- <u>La carrera armamentista</u>

Una de las consecuencias de todas estas cosas es una carrera armamentista que se está reanudando con, más que nunca, su fusión con las nuevas tecnologías. Aunque el uso de drones ya está muy extendido, ahora aparecen conceptos bastante aterradores como robots asesinos equipados con reconocimiento facial...

« No se prepara para la paz preparándose para la guerra,
se prepara para la paz trabajando por la paz. »

Jean-Luc Mélenchon

- <u>La aparición de la inteligencia artificial</u>

« Para 2035, no sabremos la diferencia entre un hombre y un robot ». Esta aterradora predicción es atribuida por David Hanson, CEO de Hanson Robotics, una de las compañías más brillantes de la industria de la robótica. Una industria única que crece a un ritmo ultrarrápido y cuyo volumen de conocimiento, en el momento de escribir este artículo, se duplica casi cada año. (Tómese unos segundos para releer esta última frase e intente comprender su significado y todas las consecuencias).

Impulsada por algoritmos increíblemente complejos, la inteligencia artificial está invadiendo nuestras vidas un poco más cada día. Desde el principio de los tiempos, los hombres han estado prestando servicios a otros hombres. Sin embargo, desde ayer, hemos estado retirando dinero o comprando nuestro billete de tren en un cajero automático. Hoy en día, un hotel en Nagasaki, Japón, da la bienvenida a sus huéspedes exclusivamente con la primera generación de robots inteligentes. Mientras tanto, una inteligencia artificial hecha por Google está ganando contra Lee Se-Dol, el campeón mundial del juego de Go. Con cada día que pasa, la IA invade nuestras vidas un poco más. Y mañana, todas las tareas, desde las más mundanas hasta las más complejas y específicas, serán realizadas por robots capaces de interactuar y reflexionar. El mañana está apenas a 10 o 20 años.

Pasado mañana, los humanoides estarán en todas partes. Y, según David Hanson, se parecerán tanto a los humanos que serán confundidos con ellos. (Depende de ti imaginar cómo podría ser un mundo como este...)

Detrás de estos importantes avances científicos y tecnológicos se encuentran cambios económicos, políticos, culturales y sociales considerables e irreversibles. Van acompañadas de cuestiones éticas y de desafíos sin precedentes. Nuestro mundo no sólo está cambiando, sino que se está transformando radicalmente. En un mundo que ya confunde cada vez más la regla y el humano, ¿qué pasará cuando mañana todos los servicios, incluyendo la información, la salud, la educación, la policía y el ejército sean proporcionados por robots?

« El éxito en la creación de la inteligencia artificial podrá ser el evento más grande en la historia de la humanidad. Desafortunadamente también sería el último... »

Stephen Hawking

- <u>La secuenciación del genoma humano</u>

Tras el programa "Proyecto Genoma Humano" emprendido en 1988, el siglo XXI se abrió con un importante acontecimiento científico: la secuenciación y el ensamblaje del genoma humano. Esta explosión de conocimientos genéticos en constante crecimiento abre el camino a numerosas tecnologías y aplicaciones. Innovaciones que desafían las reglas éticas elementales como siempre las hemos conocido y sentido. Y entre estas aplicaciones, está en particular "el aumento del ser humano"...

- <u>El advenimiento del transhumanismo</u>

La evolución exponencial de las llamadas tecnologías NBIC (N de "Nanotecnologías", B de "Biotecnologías", I de "Tecnologías de la Información", C de "Ciencias Cognitivas") sugiere que en un futuro muy próximo, nuestras civilizaciones serán transhumanizadas. El transhumanismo, esta corriente de pensamiento que se ha convertido en un grupo de presión, aboga por el uso de la tecnología para mejorar la salud, reparar el cuerpo o incluso aumentar las capacidades físicas, mentales, emocionales y reproductivas del ser humano.

La hibridación entre el hombre y la máquina está en progreso, y todas estas tecnologías que se están desarrollando volcarán, en unas pocas generaciones, absolutamente todas nuestras relaciones en el mundo. Este hombre aumentado, que siempre ha sido pura ficción, se convierte en los albores del siglo XXI en una realidad cada vez más presente. Hoy en día, la ciencia ya nos permite elegir el color de los ojos, el pelo o incluso el sexo de nuestro futuro bebé. Como la película distópica Matrix, ¿nuestros bebés nacerán mañana en úteros artificiales?

- <u>La desconexión del hombre con la naturaleza</u>

La mayoría de las religiones han impuesto la idea de que la vocación del hombre era dominar a los animales y a la Naturaleza. Una idea sobre la que se han construido todas nuestras civilizaciones y que ha resultado, entre otras cosas, en la desconexión gradual del hombre de todos los ecosistemas de los que ha venido. Por una multitud de razones basadas principalmente en historias de ego, poder y dinero, se ha encerrado gradualmente en una espiral viciosa de destrucción de la Naturaleza. Podemos decir y pensar lo que queramos, pero la realidad es que si miramos la situación de hecho, la observación es irrefutable: nuestra especie ha declarado hoy la guerra a la Naturaleza y, al mismo tiempo, está escenificando su propia extinción. Debido a los sistemas económicos que ha creado y que hoy en día gestionan el mundo, está desperdiciando y destruyendo sistemáticamente todos los recursos naturales de nuestro planeta. Siendo la conexión con la Naturaleza el elemento primario indispensable para su búsqueda espiritual, en este sentido, se puede decir que la religión ha, paradójicamente, distanciado incuestionablemente al Hombre de la espiritualidad.

« Si miras los hechos de la situación, no hay duda de ello:

Nuestra especie ha declarado la guerra a la naturaleza y, al mismo tiempo, está escenificando su propia extinción. »

Gérald Vignaud

- <u>El abyecto e insoportable abuso animal</u>

En la continuidad de su desconexión con la Naturaleza, el Homo sapiens, a lo largo del tiempo y mientras ha olvidado visiblemente que era totalmente derivado de ella, ha dominado el reino animal cada vez más salvajemente. Sean cuales sean, los animales con los que compartimos el planeta se han convertido en espectadores indefensos y víctimas de la locura de nuestra especie, que los clasifica únicamente en una de dos categorías: **útiles** o **dañinos**.

> ➤ Si el animal es considerado **útil**, el Homo sapiens lo esclaviza por todos los medios a su alcance, incluso inventando procedimientos infecciosos inimaginables para la ocasión. Si quieres un ejemplo de lo que estoy hablando, escribe "vacas con ventanas" en YouTube. Nuestra especie ha llevado lo abominable al extremo al institucionalizar masivamente la producción y el abuso animal. En la Tierra hoy en día, casi 1.000.000.000.000.000 (sí, 1.000.000.000.000.000.000, o 12 ceros después del 1, o 1 millón de millones) de animales son "producidos" y/o asesinados ultra violentamente cada año para el único placer de nuestras papilas gustativas. Para su información, los 1.000 billones se pueden desglosar de la siguiente manera: unos 100 billones de animales terrestres y unos 900 billones de animales marinos.

> ➤ Si el animal es considerado **dañino**, entonces lo extermina, pura y simplemente.

Podemos decir lo que queramos pero, hasta la fecha, el Homo sapiens no es capaz de probar formalmente que en la escala y a los ojos del Universo la vida de una vaca, una gallina o incluso una libélula es menos valiosa que la suya propia. Aunque el maltrato de animales no es un fenómeno nuevo, como atestigua la fábula de Jean de la Fontaine "L'homme et la serpiente", en los últimos decenios se ha institucionalizado, industrializado y atrofiado profundamente. **¡Es urgente que se detenga!**

« En las relaciones con los animales, la mayoría de las personas son nazis, y para los animales, es un eterno Treblinka. »

Isaac Bashevis Singer, 1902-1991.

- <u>Virus "de la nada" que surgen por sorpresa de un día para otro.</u>

Para aquellos que hasta entonces aún lo dudaban, la aparición y rápida propagación de COVID 19 por todo el planeta lo ha demostrado definitivamente: un diminuto virus de unas pocas decenas de nanómetros puede alterar completamente el equilibrio del mundo en sólo unas pocas semanas. Un virus que puede ser creado artificialmente por el hombre (y propagarse intencionadamente o no), creado naturalmente y transmitido de un animal a un hombre (con una posible mutación agradable en el proceso) o liberado del hielo permafrost por el calentamiento global... (ver página 71).

- <u>Un gran colapso ecológico que se hace cada vez más inevitable con cada día que pasa.</u>

Por lo general, es muy difícil para la mayoría de la gente darse cuenta - y más aún evaluar - correctamente el progreso del declive ecológico que está sufriendo nuestro planeta. Dado que todo el mundo considera el entorno en el que creció como la referencia para medir la degradación ambiental, la percepción está sesgada de antemano. De hecho, ¿cómo puede un niño que nunca ha corrido por el bosque darse cuenta de que el bosque está dañado? ¿Cómo puede un habitante del campo que ve unas pocas docenas de aves al día en su cielo rural imaginar que hace sólo 200 años, sus antepasados vieron varios cientos de ellas exactamente en el mismo lugar? ¿Cómo puede un habitante de París, Shanghai o Nueva York visualizar que en el lugar mismo de todas esas inmensas torres de acero y hormigón omnipresente, hace sólo unos pocos miles de años, se estaban levantando vastas zonas boscosas pobladas por animales y libres de todos los productos químicos y la contaminación? Miles de años que, recordemos, corresponden a sólo una fracción de segundo en la escala de la edad de la Tierra.

Y sin embargo, como veremos con más detalle en el próximo capítulo, el colapso ecológico que enfrenta nuestro planeta ya está en marcha y continuará acelerándose. Estamos en el amanecer de una nueva era en la que todas las reglas que siempre han hecho girar al mundo se volverán obsoletas. Es un mundo nuevo y complejo que se adelanta a una velocidad vertiginosa y en el que nadie parece ser capaz de mantener el ritmo.

«Deseo que todos y cada uno de ustedes tengan su motivo de indignación. Es precioso. Cuando algo te indigna, como me indignaron los nazis, entonces te vuelves militante, fuerte y comprometido. Nos estamos uniendo a la corriente de la historia y la gran corriente debe convertirse para ser continuado por cada uno de nosotros.»

Stéphane Hessel

Ahora más que nunca, debemos, individual y colectivamente, encontrar una brújula. Una guía que nos da la dirección correcta a seguir. ¿Y si esta guía fuera simplemente para reconectar con lo básico de la vida que es Amar, Crecer y Dar?

No olvidemos: como en el Monopoly, en la vida, al final del juego, todo vuelve a la caja. ¡Absolutamente todo! Nuestras posesiones, nuestro estatus social, nuestros éxitos, nuestro ego... Al final, lo único que queda cuando nos vamos es lo que hemos amado, dado y transmitido.

Si estas palabras resuenan con usted, ¿qué tal si se toma un momento para pensar en ellas?

¿Cuál es realmente el significado de la vida? Más allá de mi vida cotidiana, si doy un paso atrás y lo miro con la dimensión espiritual que merece, ¿qué es, en mi opinión, realmente importante?

¿Qué significa realmente ***el amor*** para mí?

____

____

____

____

____

____

____

____

____

____

¿Qué puedo cambiar hoy en mi vida para traer más amor a ella?

____

____

____

____

____

____

____

____

____

____

____

¿Qué significa realmente para mí *crecer*?

____

____

____

____

____

____

____

____

____

____

____

¿Qué puedo cambiar hoy en mi vida para integrar más crecimiento personal y espiritual?

____

____

____

____

____

____

____

____

____

____

____

¿Qué significa **_Donner_** realmente para mí?

____

____

____

____

____

____

____

____

____

¿Qué puedo cambiar hoy en mi vida para contribuir más?

____

____

____

____

____

____

____

____

____

____

Y ya que estamos en el tema de la contribución, pregúntese:

¿El mundo en el que vivimos me complace?

☐ Sí   ☐ No

¿Por qué?

____

____

____

____

____

____

____

____

____

____

____

____

____

____

____

____

____

____

____

¿Qué valor añadido me gustaría aportarle?

¿Estaría dispuesto a considerar dedicar mi vida a algo más grande que yo mismo? Y si es así, ¿qué sería? ¿Cómo podría tener un impacto positivo en el mundo, ya sea en mi comunidad o en el planeta?

____

____

____

____

____

____

____

____

____

____

____

« ¡Quienquiera que seamos, estamos a una sola decisión
de hacer algo que pueda cambiar el mundo! »

Edward Snowden

____

¡Ver la vida de uno como algo mucho más grande que uno mismo!

Viktor Frankl, el autor de "El hombre en busca de sentido", que ya he mencionado en el capítulo 3, reflexiona sobre su experiencia en los campos de concentración con estas palabras: « Teníamos que mostrar a los que estaban en las garras de la desesperación que No importa que no esperamos nada de la vida, sino si la vida espera algo de nosotros. »

"No importa que no esperamos nada de la vida, sino si la vida espera algo de nosotros" ¿Y si eso fuera tanto el objetivo como la solución? Creo profundamente que el verdadero valor de una persona no está en lo que gana y posee, sino en lo que contribuye y aporta a la vida de los demás y al planeta. ¿Quizás una de las metas de la vida sería dedicarla a algo más grande que uno mismo?

¿A qué te dedicas?
Soy vendedor en una tienda
Oh, no estaba preguntando en qué trabajas...
...pero ¿qué haces por el mundo?

Tal vez si sientes que naciste en un mundo que no te corresponde, tal vez sea porque viniste a ayudar a crear uno nuevo...

Hoy en día, nuestros ecosistemas están en peligro y, más que nunca, nuestra Tierra necesita que aprendamos sobre ella, la entendamos, la amemos y nos entreguemos por ella. Y eso es bueno, porque corresponde a las metas más profundas de toda la vida, incluyendo la tuya...

Como todo el mundo, un día la muerte llamará a tu puerta. Puede ser una experiencia única, poderosa y extraordinaria. Probablemente el más intenso de toda la vida. Y ese día, las únicas preguntas que realmente importarán serán:

- ¿Qué he hecho con mi vida?

- ¿A quién y cómo amé?

- ¿Qué he aprendido y entendido?

- ¿Qué le di? ¿Qué he aportado?

- ¿Qué estoy dejando como legado a este planeta que me acogió?

"Quiero amor, quiero alegría, quiero buen humor,
No es tu dinero lo que me hace feliz,
Quiero pincharme la mano en el corazón..."

Zaz

Parte 2

—

Todos tenemos la responsabilidad moral
de proteger y preservar nuestro planeta

Vincent Cosmao

En el comienzo mismo del Universo, hace unos 13.500.000.000 (13.500.000) años, habría habido el Big Bang. Un evento misterioso que causó una explosión tan repentina como colosal. Una energía considerable, inimaginable para una mente humana, se habría extendido en el espacio en una fracción de tiempo tal que también sería inconcebible para nosotros. El Big Bang dio así nacimiento a la Luz, el Espacio, el Tiempo y la Materia.

Luego, en los 9.000.000.000.000 (9 billones) de años que siguieron e incluso antes del nacimiento del nuestro, aparecieron innumerables otras estrellas. Nacieron, vivieron y, para muchos de ellos, ya han muerto. En esta multitud de mundos potenciales, es muy probable que haya surgido un número inimaginable de formas de vida de increíble diversidad. Formas de vida que se han desarrollado, evolucionado y, probablemente para la gran mayoría de ellas, ya han desaparecido.

Entonces, hace unos 4.500 millones de años, nació nuestra estrella, el Sol. Una estrella promedio de extrema banalidad que se asemeja a varios cientos de miles de millones de otras estrellas, perdida en la periferia de su galaxia, la Vía Láctea. La Vía Láctea es también en sí misma una galaxia de inquietante banalidad, que deambula por un enorme Universo que, según las últimas estimaciones científicas, alberga cerca de 400.000.000.000.000.000 (400.000 billones) de estrellas.

Por cierto, con un mínimo de 100.000.000.000.000 (100 mil millones) de estrellas por galaxia de las 400.000.000.000.000 (400 mil millones) galaxias que existirían, eso hace que haya 40.000.000.000.000.000.000.000.000.000.000 (40 cuatrillones o 40 millones de billones) de estrellas en el Universo, cada una de las cuales tiene potencialmente uno o más planetas en órbita a su alrededor. Por supuesto, aquí sólo contamos las estrellas que aún están vivas, excluyendo las que están muertas y ya hace tiempo que se han extinguido, y que probablemente sean mucho más numerosas. A partir de un análisis objetivo de estos datos empíricos, una deducción es obvia: la posibilidad de que seamos el centro de un Universo creado exclusivamente para nosotros, el Homo sapiens, es estadísticamente absurda. La probabilidad es tan infinitesimal que es muy probable que sea igual a cero.

« El hombre es infinitamente grande en relación con lo infinitamente pequeño e infinitamente pequeño en relación con lo infinitamente grande, lo que lo reduce casi a cero. »

Vladimir Jankélévitch

Por lo tanto, nuestra estrella y sus ocho planetas, incluyendo la Tierra, nacieron hace 4.500.000.000 (4.500.000) años. Y fue 700.000.000 (700 millones) de años más tarde que las primeras formas de vida, en forma de bacterias unicelulares, aparecieron en la Tierra, en los océanos. Una evolución muy lenta y compleja, con una multitud de escollos y extinciones de todo tipo, ha visto el surgimiento de una multitud de formas de vida, la gran mayoría de las cuales están ahora extintas. Hace unos 7.000.000 (7 millones) de años, aparecieron los primeros homínidos, monos de dos patas. Si hay una sola cosa que recordar sobre esto, es que entre la aparición de las primeras formas de vida hace 3.800.000.000 (3.800.000.000.000) años y el surgimiento de los primeros homínidos hace 7.000.000 (7.000.000.000) años, han pasado 3.793.000.000 (3.793.000.000.000) años.

En los últimos 7 millones de años, varias especies de homínidos se han sucedido y, en algunos casos, incluso se cruzaron antes de la aparición del nuestro: el Homo sapiens. Nuestra especie habría aparecido hace unos 300.000 años, es decir, 3.799.700.000 (3.799 millones 700 mil) años después de la aparición de la vida en la Tierra.

Hasta ahora, ya sea para el Homo sapiens o para cualquiera de las otras especies animales que han caminado por el suelo de la Tierra, todo ha ido relativamente bien. Todos vivían en conexión con la Naturaleza y su inmensa variedad de ecosistemas y, salvo casos muy especiales - como el de un meteorito de diez kilómetros de diámetro que golpea la Tierra frente a la Península de Yucatán en el actual México - había un equilibrio absolutamente perfecto.

El primer cambio importante en este equilibrio ocurrió hace unos 12.000 años con el advenimiento del período Neolítico. El Homo sapiens se estableció e inventó la agricultura y la ganadería, comenzando así su dominio sobre la naturaleza y los animales. Han pasado casi 12.000 años desde entonces. 12.000 años durante los cuales desarrolló las civilizaciones y todo lo que las acompaña: la posesión, el poder, la guerra, la esclavitud, las religiones, el arte, la ciencia, el comercio, el dinero, la escritura, la burocracia, las administraciones, el derecho, la justicia, la medicina... etc. A pesar de los peligros de las guerras, epidemias y hambrunas que han plagado la historia de la humanidad, se ha multiplicado de manera más o menos constante hasta alcanzar los 1.000 millones de personas a principios del siglo XIX. Si bien el número de sus representantes estaba empezando a ser significativo, su bajísimo impacto en sus ecosistemas le permitía, no obstante, mantener un equilibrio suficiente para seguir integrándose perfectamente en ellos.

El segundo gran cambio en este equilibrio ocurrió a mediados del siglo XIX, el 27 de agosto de 1859 para ser exactos. ¡Un día de verano que dio origen a la primera perforación de petróleo en la historia de la humanidad! El petróleo, esta energía altamente concentrada y fácilmente transportable, fue el último detonante que multiplicó y aceleró todo exponencialmente. Cambió profundamente la faz del mundo para siempre. Muy rápidamente, todas las industrias, sin excepción, se pusieron completamente patas arriba con la llegada del petróleo. Gracias a ello, el Homo sapiens ha experimentado desde entonces un período de demencial abundancia material, una de cuyas principales consecuencias fue su explosión demográfica:

- A principios del siglo XIX, se superó la marca de los mil millones.

- En 1927, los 2 mil millones.

- En 1960, éramos 3.000 millones de personas. En ese punto, el proceso se acelera aún más.

- En 1974, ya éramos 4.000 millones.

- En los años 80, superamos la marca de los 5 mil millones.

- En los albores del siglo XXI, en 1999, somos 6.000 millones de personas.

- En 2011, se cruza el umbral de los 7.000 millones de habitantes.

- En 2020, la población será de unos 7.700 millones de personas. En menos de 10 años, eso significa 700.000.000 (700 millones) de personas más: ¡un poco más del doble de la población de los Estados Unidos!

- Con una población que actualmente crece en 80 millones de personas cada año, las proyecciones estiman una población de 8.000 millones de personas en 2025, que se elevará a entre 9.500 y 10.000 millones alrededor de 2050.

- Por último, para 2100, la población mundial debería, según los diversos escenarios previstos -salvo el de un gran colapso ecológico- estar entre 10 y 25 mil millones de habitantes.

Como ya se ha mencionado, la razón principal de este crecimiento sin precedentes es muy simple: el advenimiento del progreso económico y sanitario que ha traído el petróleo y el crecimiento del volumen de conocimientos. Las consecuencias directas de ello han sido el aumento de la esperanza de vida y, sobre todo, una importante disminución de la mortalidad infantil, que aumenta mecánicamente el número de personas en edad de procrear. Y esta explosión demográfica exponencial multiplica nuestro impacto en los ecosistemas de nuestro planeta.

« La contaminación plantea nuevas preguntas que debemos enfrentar absolutamente. Se trata de la vida en la tierra y es el deber de todos nosotros, la especie humana, preservarla. »

Albert Jacquard

El siglo XXI, un momento muy especial en nuestra historia

Mientras que la humanidad consume más de 95 millones de barriles de petróleo **cada día** (a título informativo, un barril equivale a 159 litros), el petróleo se ha convertido en la piedra angular de toda la geopolítica mundial. Transporte, industria, agricultura, petroquímica, etc., etc. Ya sea directa o indirectamente, el petróleo está escondido en todas partes en nuestra vida diaria y todas nuestras civilizaciones se han vuelto adictas a él. Un petróleo cuyo advenimiento ha inclinado definitivamente a nuestro planeta hacia un gran desequilibrio ecológico. Un desequilibrio que, multiplicado por nuestra explosión demográfica exponencial, se acelera un poco más cada día.

Y finalmente, para complicar aún más la situación de este mundo que se ha salido de control, un tercer cambio importante surgió recientemente, hacia finales del siglo XX. Un dúo, para ser más precisos, dos hermanos gemelos que se mueven de la mano: la invención (y el ascenso) de Internet y la digitalización del mundo.

Entre los efectos positivos de la invención de Internet y la digitalización del mundo se encuentra el nacimiento de un cerebro planetario colectivo que ha dado lugar a la aparición de una explosión de conocimientos y tecnología. El mundo científico e industrial está en plena ebullición y diariamente están surgiendo grandes avances en campos tan diversos y variados como la genética, la medicina, las biotecnologías, la clonación, las ciencias cognitivas, las nanotecnologías, la informática, la nube, los objetos conectados, los hologramas, la realidad aumentada, la realidad virtual, la inteligencia artificial, el reconocimiento de la voz, la cara, la fisonomía y el comportamiento, la robótica, los coches autónomos, los aviones no tripulados y la impresión en 3D.

Pero, por desgracia, como cada medalla siempre tiene dos caras, una explosión exponencial de la tecnología, si no va acompañada de la sabiduría que la acompaña, nos llevará imparablemente a nuestra caída. Una falta de sabiduría bellamente ilustrada por toda una sección de estos "visionarios" de Silicon Valley. Al igual que Peter Diamandis, descartan de plano los peligros de los desafíos ecológicos de hoy, explicando que no debemos preocuparnos, que los descubrimientos tecnológicos del mañana - sin especificar cuáles - los resolverán todos. Dado que una gran parte del poder de decisión de la dirección que el mundo está tomando actualmente está en sus manos, esperemos que sus intuiciones sean correctas. ¿Pero qué pasa si resultan estar equivocados?

¿Nuestro futuro colectivo es un peligro o una oportunidad? Mientras escribo estas líneas, todo sigue abierto, aunque parece que la balanza se inclina cada vez más, peligrosa e irremediablemente, hacia el peligro.

La explotación masiva de combustibles fósiles (petróleo, gas, carbón) así como una evolución exponencial de las tecnologías se han estado desarrollando durante varias décadas en nuestro frágil y pequeño planeta azul. Nuestras civilizaciones están envueltas en una poderosa ideología global de crecimiento económico infinito hábilmente bloqueada y mantenida por intereses muy poderosos. A principios del siglo XXI, la presión que ejercemos sobre los recursos de nuestro planeta -matemáticamente multiplicada por nuestra explosión demográfica sin precedentes- es gigantesca y, si bien debería disminuir urgentemente, tiende por el contrario a acelerarse cada vez más.

« Nuestro sistema de pensamiento está destruyendo nuestro medio ambiente, debemos cambiar nuestra forma de pensar para protegerlo.»

Steve Lambert

Los desafíos ecológicos presentes y futuros son muchos y variados. Hoy en día, casi ningún lugar de la Tierra está a salvo y los desafíos relacionados con la preservación de nuestro planeta son muy numerosos. Es más urgente que nunca ser consciente de esto y actuar. Durante 160 años, hemos estado rompiendo un equilibrio que tomó 4.500 millones de años en construirse. Pero, aunque muchas cosas ya son irreversibles, todavía no es demasiado tarde para reaccionar porque todavía podemos limitar el daño. Debemos comprometernos, cada uno a su nivel, a hacer todo lo posible para reparar y preservar lo que aún puede ser reparado y preservado. **No tenemos otra opción porque, tal como están las cosas, nos dirigimos directamente a un gran colapso ecológico con consecuencias dramáticas.** Tenemos una responsabilidad moral con nuestros hijos y con todas las generaciones futuras.

Los principales desafíos ecológicos del siglo XXI

A principios del siglo XXI, el Homo sapiens está despertando en un mundo nuevo y cada vez más complejo. Completamente adicto al petróleo y a la tecnología digital, debe enfrentarse rápidamente a muchos retos ecológicos. Desafíos ecológicos que están, de una manera u otra y de cerca o de lejos, todos vinculados e interconectados. Aquí están los principales, con una breve descripción:

-   El cambio climático

El cambio climático es un aumento de la temperatura de la atmósfera causado por el efecto invernadero. Cuando la radiación solar nos alcanza, la Tierra refleja parte de ella de vuelta. Pero cuando la concentración de gases de efecto invernadero - dióxido de carbono (CO2), metano (CH4), óxido nitroso (N2O) y gases fluorados (HFC, PFC, etc.) - aumenta en la atmósfera, nuestro planeta pierde su capacidad de reflejar parte de esta radiación solar, causando así mecánicamente un aumento de la temperatura. Estos pocos grados adicionales interrumpen completamente el funcionamiento mismo de nuestros ecosistemas y desencadenan, amplifican y/o complican algunos de los otros grandes desafíos ecológicos del siglo XXI.

El cambio climático es causado principalmente por el transporte (carretera, mar y aire), todas nuestras industrias y la ganadería intensiva (gas metano liberado por la flatulencia del ganado). Se acentúa especialmente por la deforestación masiva, la acidificación de nuestros océanos (que destruye el plancton) y el derretimiento del hielo (el blanco refleja y vuelve a reflejar el calor del sol en el espacio). Las actividades humanas, impulsadas por la loca carrera de la economía de mercado y el crecimiento supuestamente infinito, han provocado este proceso. Aunque ahora se ha vuelto imposible detenerlo, debemos hacer todo lo posible para limitarlo al máximo. Porque entendamos el bien: **es una cuestión de supervivencia, nada menos**. Pero mientras escribo estas líneas, la humanidad desafortunadamente se dirige en la dirección opuesta...

Por cierto, entre toda la demás basura que twitteó, un cierto presidente americano psicológicamente perturbado, demagógico y particularmente egocéntrico escribió que, entre otras cosas, "Si hace un poco más de calor...". Bien, iremos a la playa más a menudo. Si, como él, usted es una de esas personas que piensa que si nuestro planeta se calienta unos pocos grados no es tan malo, pregúntese: ¿qué pasaría si la temperatura de su cuerpo se elevara 2 grados, sería agradable vivir permanentemente con una fiebre de 39°? Y si no son 2 sino 4 grados más altos, ¿serías capaz de vivir con una fiebre de 41 grados todo el tiempo?

Espero que usted y sus hijos hayan respondido "Sí" a estas dos preguntas, porque esto es lo que le espera a nuestro planeta a finales de siglo...

« ¿En lugar de tratar de Terraformar el planeta Marte, no sería mucho más sabio tratar de no Venusformar el planeta Tierra ? »

Gérald Vignaud

- <u>Geo-ingeniería</u>

Para resolver la crisis climática que estamos experimentando actualmente, sólo tenemos tres opciones:

- o   Cambiando nuestra forma de vida

- o   Adaptación al cambio climático

- o   Acción climática

Aunque es la más coherente y accesible, la solución de "cambiar nuestra forma de vida" implica demasiadas cosas para que demasiadas personas puedan ser consideradas seriamente en este momento.

La segunda solución, que consiste en adaptarse al cambio climático, costará -con mucho- mucho más que los beneficios que ha traído el crecimiento industrial y económico que lo ha originado.

Desde hace algunos años, la tercera hipótesis, que interviene en el clima, ha sido considerada e incluso está empezando a aplicarse en algunos casos gracias a un conjunto de técnicas destinadas a manipularla y modificarla artificialmente. ¡Esto se llama geoingeniería! La ventaja de esta solución es que no va en contra de los poderosos grupos de presión de los combustibles fósiles y no reduce en modo alguno -a corto plazo y al menos aparentemente- el modo de vida de los habitantes del planeta y, por lo tanto, de la opinión pública. Es por esta razón que ciertas fuerzas políticas están interesadas en ella, apoyadas por personas que apuestan por una promesa de ganancias y beneficios colosales. En la COP 25 en Madrid en 2019, la idea cobró aún mayor importancia cuando algunas personas cuestionaron públicamente si era prudente (intentar) manipular los océanos a través de la geoingeniería. No se equivoquen, este es sólo el primer paso de un esquema de comunicación muy clásico. Pusimos una idea sobre la mesa para empezar a hacerla familiar. El objetivo es hacerla aceptable, luego normal, y finalmente hacerla parecer indispensable a los ojos de la opinión pública dentro de unos años. Pero en el caso de la geoingeniería, es probable que la cura sea peor que la enfermedad. Jugar al aprendiz de brujo con el clima y los océanos podría perturbarlos aún más y sobre todo a largo plazo, con todos los peligros que esto representa.

Por mi parte, cuando oigo hablar de geoingeniería, no puedo dejar de pensar en esa frase pronunciada por el Dr. Glen Thompson en la película "Leviatán" (la que se estrenó en 1989). Mientras hacía la observación de que las mutaciones genéticas que estaba probando habían salido mal, dijo a los otros miembros de la tripulación: « ¡No se jode a la naturaleza!»

- <u>Derretimiento del permafrost</u>

Una de las consecuencias del cambio climático y el calentamiento global es el derretimiento del permafrost. Llamado permafrost en inglés, el permafrost es el suelo permanentemente congelado - localizado principalmente en Rusia, Alaska y Canadá - que cubre casi el 25% de la tierra en el hemisferio norte. A medida que se derrite, el permafrost amenaza con liberar cantidades colosales de C02 actualmente atrapadas, estimadas en casi 2.000.000.000.000 de toneladas (o 2.000.000.000.000 de kilogramos). Esta liberación gradual de gases de efecto invernadero acelerará así el calentamiento global, que a su vez acelerará el derretimiento del permafrost y así sucesivamente, creando un dramático círculo vicioso. Pero el derretimiento del permafrost trae otra preocupación igualmente peligrosa e impredecible: podría eventualmente liberar virus y bacterias olvidados, que han estado hibernando secretamente por milenios en estos terrenos congelados. Virus y bacterias contra los cuales no tendríamos ninguna defensa...

Pocos hablan de ello, pero el derretimiento del permafrost ya ha comenzado. Si continúa derritiéndose, podría ser una de las peores bombas de tiempo para el clima y la salud que nos haya golpeado.

- <u>La destrucción de la biodiversidad</u>

La biodiversidad es la suma total de todas las especies animales y vegetales y los ecosistemas que evolucionan en la Tierra. Va desde elefantes a mosquitos, árboles a hongos, algas a grandes mamíferos marinos, aves, krill y coral. Los humanos también forman parte de ella.

Pero desde el siglo XIX y la exponencial y continua aceleración de su impacto en el mundo, el hombre ha estado alterando peligrosamente la biodiversidad en su conjunto. La química de todo tipo - empezando por los pesticidas - con los que hemos inundado nuestro planeta, la destrucción de los hábitats, la caza "legal", la caza furtiva y el calentamiento global son las principales razones de la destrucción de la biodiversidad.

En los últimos 40 años, hemos perdido casi la mitad de los vivos y todas las luces son rojas para gran parte de la otra mitad que queda. Por ejemplo, en lo que respecta a los grandes mamíferos (como elefantes, leones, rinocerontes, jirafas, gorilas, tigres, jaguares… etc.), ¿se da cuenta de que al ritmo actual de extinción, dentro de 2 o 3 décadas, es decir, mañana, sólo quedarán algunos en los zoológicos y en los libros infantiles? :'(

- <u>El saqueo de los océanos</u>

Sin mencionar la pesca ilegal - estimada en más de 10 millones de toneladas - se extraen más de 100 millones de toneladas de pescado de los océanos del mundo cada año. **Son unos 900 mil millones de peces.** Y la demanda de poblaciones de peces que se renuevan cada vez menos…

Más allá del desafío económico que enfrentarán los pescadores, esta prevista escasez de pescado será sobre todo un desastre ecológico sin precedentes. Como ya he mencionado en el capítulo 4, con los métodos y tasas de pesca actuales, en 2048 -es decir, en menos de 30 años- no habrá más peces en los océanos. Literalmente. Nuestros hijos nos preguntarán adónde han ido los peces que vemos en los documentales. Entonces no tendremos más remedio que responderles la triste verdad: « ¡Nos los comimos todos! »

« La sobrepesca es la mayor amenaza para nuestros océanos. »

Lamya Essemlali

- <u>Los continentes de plástico</u>

De todos los desafíos que enfrenta la humanidad en el siglo XXI, uno de los más grandes de todos vendrá de los plásticos. Mucha gente no lo sabe, pero cada año más del 10% de los **100 millones de toneladas de plástico producidas por la humanidad,** o 10 millones de toneladas al año, terminan en los océanos. Forman hojas gigantescas de sopa de plástico. En alusión a su gigantesco tamaño equivalente a varios países, se les llama "continentes de plástico".

Y ya sea directo o indirecto, los impactos de los residuos plásticos son desastrosos:

- Contaminación visual insoportable en las playas de todo el mundo, sabiendo que lo que se puede ver es sólo una pequeña fracción de los residuos, la mayoría de ellos bajo el agua y/o en medio de los océanos.

- Incontables animales marinos (tortugas, delfines, cachalotes... etc.) mueren asfixiados por los residuos plásticos que confunden con su comida.

- Estas placas de plástico sirven como soporte para la implantación de nuevas especies invasoras, viajando a través de los océanos y alterando ciertos ecosistemas.

- El plástico no se biodegrada sino los microfragmentos. Al descomponerse en un número infinito de trozos microscópicos, es ingerido por los peces y entra en la cadena alimenticia.

- Sin mencionar estas aves marinas que viven en islas a miles de kilómetros de los continentes. En sus playas recogen residuos plásticos traídos por las corrientes oceánicas y así mueren, muriendo con el estómago lleno de plástico, culpables de confundirlo con su comida habitual.

Y además, ya que estamos hablando de este tema, sepan que pueden, a su nivel, actuar hoy en día a través de sus comportamientos personales diarios. Se puede resumir en seis palabras: Rechazar, Reducir, Reutilizar, Reparar, Reciclar y Recoger. Seis palabras en la "R" y otras dos en la "I": Informar e inspirar, por ejemplo, a otros a hacer lo mismo.

A título personal, también puede apoyar a los políticos que (¿algún día?) tendrán el coraje de oponerse a los poderosos grupos de presión de esta industria abogando por **un impuesto significativo sobre los plásticos**. Un impuesto que, además de encarecer mucho la producción de plástico -que reducirá mecánicamente su producción y consumo- permitirá liberar fondos para subvencionar el diseño, la promoción y la difusión de toda una serie de alternativas ecológicas, muchas de las cuales ya existen.

« El plástico está inundando, envenenando
y desfigurando nuestro planeta. »

Gerald Vignaud

- La contaminación de la industria naviera

Ropa, equipos electrónicos, materiales de bricolaje, juguetes, muebles, equipos industriales, alimentos, materias primas, piezas de vehículos, materiales reciclados, etc. El 90 a 95% de todo - absolutamente todo - que consumimos directa o indirectamente pasa por los océanos. Por consiguiente, la industria del transporte marítimo internacional desempeña un papel esencial en nuestra economía globalizada. Cada día, más de 60.000 buques portacontenedores - el más grande de los cuales puede transportar más de 23.000 contenedores - surcan los océanos. Lo que es menos conocido son los muchos daños ambientales colaterales que esta industria silenciosa esparce alrededor de los océanos:

- o El combustible residual utilizado para los motores es el más barato pero el más sucio disponible. Extremadamente contaminante, tiene un contenido muy alto de partículas finas, especialmente de azufre (¡se estima que un solo barco emite tanto azufre como 50 millones de coches!)

- o Desplazamiento de especies invasoras causado por el deslastre

- o El ruido de los motores que ensordece a incontables cetáceos que, desorientados, llegan a tierra y mueren en las playas.

- o Desgasificación salvaje en alta mar
- o Derrames de petróleo

- o Los numerosos naufragios y accidentes (en promedio 1 cada 3 días) y los numerosos incidentes de contaminación que los acompañan

- o Pecios sin reciclar que terminan en playas de basura en países como la India o Bangladesh donde el resto de sus restos siguen contaminando indefinidamente...

Pero con un crecimiento que se triplicará en los próximos 20 años y la apertura de nuevas rutas comerciales hacia el Norte, posibilitada por el calentamiento global, lo peor está por venir y el desastre ecológico apenas ha comenzado.

« Si el océano muere, ¡morimos todos! ¡Es tan simple como eso! »

Paul Watson

- <u>El exterminio de los tiburones</u>

Aunque han estado presentes en los océanos durante casi 450 millones de años, los tiburones están ahora al borde de la extinción. La causa principal es el apetito irrazonable de los chinos por sus aletas cocidas en la sopa. A pesar del precio exorbitante y el sabor insípido, una leyenda atribuye la fuerza y la vitalidad de la sopa de aleta de tiburón a quienes la beben. Esto lo convierte en un plato particularmente popular entre la élite social de China. Una élite social cuyo número ha ido creciendo constantemente desde el auge económico de China. La industria de la pesca de tiburones se ha vuelto muy lucrativa - un mercado con un valor de más de mil millones de dólares anuales - y extermina cerca de 100 millones de tiburones cada año en condiciones particularmente atroces. (Si tienes un corazón débil, evita a toda costa escribir "Shark finning" en YouTube). Con una madurez reproductiva de hasta 25 años para algunas especies, no hay que ser un genio de las matemáticas para entender que su extinción está cerca...

Aunque desconocido para el público en general, el problema de la extinción de los tiburones bien podría ser una de las mayores bombas de tiempo que amenazan a los océanos. Debido a que los tiburones son los principales depredadores en la cima de la cadena alimenticia, su extinción, a través de un efecto dominó, alterará de manera impredecible todos nuestros ecosistemas.

- <u>La desaparición de las abejas</u>

Aunque las abejas han estado presentes en la Tierra durante mucho más tiempo que la humanidad, ahora se enfrentan a un posible comienzo de la extinción. De hecho, desde hace algún tiempo, los apicultores de todo el mundo observan cada vez más la desaparición de un gran número de abejas en sus colonias. Han bautizado este fenómeno como "el síndrome de colapso de la colonia de abejas".

Este preocupante fenómeno, que aparece desde la década de 1990, ha crecido desde la década de 2000. Aunque todavía no se comprende del todo, los científicos y los apicultores han establecido, no obstante, que es el resultado de una combinación de varios factores: la reciente proliferación de avispones asiáticos, la proliferación de agentes parásitos -en particular el ácaro Varroa Destrutor-, la agricultura intensiva y la disminución de la diversidad biológica que afectan a los recursos de polen y, por supuesto, los neonicotinoides, que están presentes en cantidades masivas en los plaguicidas.

- <u>Deforestación</u>

En el pasado, los hombres y los árboles eran amigos y vivían juntos en ósmosis. Hoy en día, aunque los bosques son esenciales para la biodiversidad y la regulación del clima, el Homo sapiens deforesta el equivalente a una cuarta parte de la superficie de Francia cada año, en promedio **el tamaño de un campo de fútbol que desaparece cada 2 segundos**. Los principales bosques que son víctimas son los bosques primarios - también llamados bosques vírgenes - situados en América del Sur, Indonesia y la cuenca del Congo.

En el Amazonas, el bosque es arrasado para criar intensivamente ganado, que será alimentado con soja cultivada en parcelas de tierra en otros antiguos bosques amazónicos que también han sido arrasados para la ocasión. En Indonesia, se está destruyendo el bosque para la producción de aceite de palma, que aumenta constantemente. El aceite de palma se transforma en aceite vegetal y se encuentra en productos como champús o detergentes, pero también masivamente en la alimentación industrial: pizzas, margarinas, galletas, pastas para untar, comidas preparadas, patatas fritas… etc.

Por supuesto, todos estamos de acuerdo en que estamos en contra de la deforestación. Pero si analizamos la situación objetivamente, al final son nuestros estilos de vida y patrones de consumo los que están desencadenando esta deforestación masiva…

« Los bosques del mundo son el hogar de
más del 50% de la biodiversidad del mundo.
Esto sigue siendo en gran parte desconocido. »

Yann Arthus-Bertrand

- Cría intensiva

El Homo sapiens consume carne. En tiempos ancestrales, cazaba con piedras y lanzas de madera, corriendo detrás de su presa. En esta lucha, en términos casi iguales, se le dio al animal la oportunidad de sobrevivir. Hoy en día, el Homo sapiens ya no lo caza, sino que lo hace de forma masiva y violenta, delegando obviamente esta ingrata tarea a otros. Cada año se crían unos 100.000.000.000.000 (100.000 millones) de animales terrestres - la gran mayoría de forma industrial en condiciones atroces - para ser consumidos. Y, más allá del abominable sufrimiento animal asociado a ella, la cría intensiva de animales es la causa de gran parte de la destrucción de nuestros recursos y de la degradación del medio ambiente. Entre ellos están los siguientes:

o   Como ya se ha mencionado, la destrucción de los bosques, especialmente la selva amazónica en la que se "cultivará" el ganado, y la destrucción de la selva amazónica en la que se cultivará la soja y el maíz que se utilizarán para alimentar el ganado.

o   Destrucción del suelo mediante el uso masivo de pesticidas para cultivar estos mismos granos de soja y maíz.

o   Los colosales e indecentes gastos de agua que se utilizan para regar este ganado y para regar la soja y el maíz que lo alimentarán. (Para producir sólo 1 kilo de carne de vacuno, se estima que al final se necesitan 13.500 litros de agua)

o   Destrucción de los ecosistemas del suelo, los ríos y los océanos por las colosales cantidades de excrementos descargados por todo este ganado.

o   Y, como ya se ha mencionado en el tema del cambio climático, la flatulencia de estos miles de millones de ganado que liberan a la atmósfera cantidades fenomenales de metano, un gas de efecto invernadero 25 veces más poderoso que el CO2.

En este sentido, sepa que hay una manera muy simple de tener un impacto ecológico inmediato y positivo en el mundo: **¡limite o incluso elimine completamente su consumo de animales!** Además de dejar de participar en el abyecto sufrimiento animal que la humanidad ha institucionalizado hábilmente, convertirse en vegetariano es hoy en día el cambio más importante y directo que se puede hacer de inmediato para ayudar a salvar el planeta y su especie.

Una pequeña conversación imaginaria…

- « ¿Por qué comes carne? »
- « ¡Porque es normal, el hombre siempre ha comido carne! »
- « ¡De acuerdo! Como si hubiera un tiempo en tu vida en el que solías cagarte en los pantalones. Pero ahora ya no lo haces porque has crecido y evolucionado. Incluso si es en una escala de tiempo más larga, ¿no tiene sentido que los humanos crezcan y evolucionen? »

- Invasión de plaguicidas

Al final de la Segunda Guerra Mundial, un mundo devastado se enfrentó a la necesidad imperiosa de alimentar urgentemente a su población. Luego inventó y desarrolló la agricultura intensiva, que muy rápidamente se convirtió en dominada por los plaguicidas. Un nuevo enfoque de la agricultura cuyas consecuencias a mediano y largo plazo fueron dramáticas.

Los plaguicidas son productos químicos diseñados para eliminar las plagas que pueden impedir el desarrollo de los cultivos. La agricultura intensiva, que probablemente comenzó con buenas intenciones, se ha desarrollado desde entonces hasta convertirse en impulsada únicamente por el máximo rendimiento y la búsqueda de beneficios. Gracias a las estrategias de comunicación hábilmente diseñadas y bloqueadas por los grupos de presión de la industria, el uso de pesticidas se ha vuelto masivo y sistemático. Sus consecuencias son numerosas y tienen graves repercusiones en el medio ambiente (exterminio de los insectos polinizadores, destrucción progresiva de los suelos, infiltración en las capas freáticas), pero también en la salud humana (reducción de la fertilidad y aumento del número de cánceres).

- <u>Escasez de tierra cultivable</u>

Una de las consecuencias de la utilización de plaguicidas mencionada anteriormente es la escasez de tierras cultivables. De hecho, pocos se dan cuenta, pero en un simple puñado de tierra, literalmente miles de millones de seres vivos, desde bacterias hasta lombrices de tierra y una multitud de pequeños insectos, aseguran su fertilidad. 1 gramo de suelo contiene un promedio de 1.000 millones de bacterias, divididas en 10 a 100.000 especies diferentes, la mayoría de las cuales son completamente desconocidas para nosotros. Al inundar constantemente todo este suelo con una química letal, también estamos diezmando metódicamente todos los seres vivos que contiene. La tierra fértil es, sin embargo, una tierra absolutamente viva. Si toda esta vida enterrada en la tierra es destruida, nada puede crecer allí.

Mientras que hay más y más bocas que alimentar en nuestro planeta, al mismo tiempo hay cada vez menos tierra cultivable para producir alimentos. ¿Qué pasará cuando no haya suficiente?

- <u>Contaminación del aire</u>

En los últimos decenios, los niveles de polvo, humo y *niebla tóxica* han aumentado drásticamente en todo el mundo. Las actividades humanas son las culpables. El aire que respiramos hoy en día está contaminado por los desechos industriales y el transporte automovilístico, pero también por la aplicación terrestre, el humo tóxico de las chimeneas o, como en la India, por millones de estufas de fuego abierto.

Hoy en día, la contaminación atmosférica es un problema mundial que afecta a 9 de cada 10 habitantes de las ciudades y, según la OMS, mata a casi 7 millones de personas prematuramente cada año, principalmente en Asia. Sin embargo, en un país como Francia, se estima que al menos 48.000 personas mueren cada año por la contaminación del aire.

- <u>Contaminación lumínica</u>

Todos los seres vivos del planeta son seres solares impulsados por hitos naturales vinculados a las estaciones y al día y la noche. Pocas personas se dan cuenta de esto, pero la iluminación nocturna masiva y a menudo inútil que imponemos a nuestro planeta no sólo consume una cantidad colosal de energía, sino que también perturba enormemente - o incluso altera - los ecosistemas circundantes que están sujetos a ella.

- <u>La reducción de nuestros residuos</u>

Nuestro consumo diario de todo tipo de productos genera, literalmente, montañas de residuos. Un estudio reciente del Banco Mundial estima que producimos de 8 a 10 kilos por persona y día y que este volumen aumenta constantemente. Y eso es sólo basura; esta cifra no incluye otros desechos, como los procedentes de la producción de energía, la fabricación de productos químicos, la manufactura, la electrónica, los desechos agrícolas, así como los de los fabricantes del papel que consumen más de 7.700 millones de personas.

Ya sean electrónicos, plásticos o químicos, nuestros residuos tienen un impacto profundo y exponencial en el medio ambiente y la multiplicación de su producción es un problema global. En este tema también, se ha vuelto urgente para nosotros reaccionar. Esperemos que así sea y que nuestro planeta no termine, como en la distópica caricatura "Wall-E", enterrado bajo los desechos...

- <u>La contaminación generalizada de nuestro planeta</u>

<u>Definición de contaminación:</u> Degradación de un ecosistema mediante la introducción -generalmente humana- de sustancias, desechos o radiaciones que afectan en mayor o menor medida al funcionamiento de ese ecosistema.

Hoy en día, casi ningún lugar de la Tierra escapa a la contaminación de las actividades humanas. Poco a poco, estamos destruyendo uno a uno todos los pilares y ecosistemas de nuestro planeta. Un planeta que tenemos la responsabilidad moral de transmitir en buen estado a nuestros descendientes (así como, para el caso, a los descendientes de todas las demás especies). En todo el mundo, millones de "pequeñas" bolsas de contaminación local, cuando se suman, crean un grave problema de contaminación generalizada de nuestro planeta. Los ejemplos son incontables. Aquí hay sólo unos pocos:

- El Océano (que, para algunos, parece conceptualmente infinito cuando está lejos de serlo) que sirve de basurero para la industria nuclear con sus desechos radiactivos y otras porquerías vertidas ilegalmente al mar?

- Estos millones de redes usadas se pierden o son abandonadas por los barcos de pesca en todos los mares y océanos del mundo (para tu información, cada año 640.000 toneladas de artes de pesca terminan en el fondo del océano). Llamadas con razón "redes fantasma", van a la deriva indefinidamente y masacran un número incalculable de peces, tortugas y cetáceos "gratis"...

- La pesca de arrastre de fondo, cuyo simple concepto consiste en - literalmente - rastrillar el fondo de los océanos, destruir todo para sacar todo a la superficie, elegir lo que nos interesa y tirar el resto de nuevo al agua. Es un poco como si en el bosque, para cazar una especie, arrasáramos todo el bosque, exterminando todos los árboles y otros animales al mismo tiempo, para recuperar sólo el que nos interesa (un pensamiento especial para el Homo sapiens particularmente perturbado que tuvo esta idea por primera vez).

- Para extraer su oro negro de las arenas petrolíferas, la industria petrolera no duda en destruir irreversiblemente el bosque boreal de Canadá. Un bosque primario con ecosistemas excepcionales que ha tardado milenios en desarrollarse...

o El vertido de residuos - domésticos o industriales - en la naturaleza se practica diariamente cientos de millones de veces, profanando así cientos de millones de lugares cada día...

o Miles de accidentes industriales, grandes y pequeños, con consecuencias catastróficas, ocurren cada día en todo el mundo...

o Contaminación vinculada a accidentes nucleares como el ocurrido en 2011 en Fukushima (Japón), donde el Océano Pacífico sirve como un gigantesco basurero para cantidades colosales de agua contaminada y otros desechos radiactivos...

o Los buscadores de oro de los bosques amazónicos que contaminan los ríos, destruyen las especies animales y debilitan los ecosistemas al verter masivamente en ellos el mercurio que utilizan.

o Todos estos millones de toneladas de residuos sin clasificar y no reciclados enterrados en el suelo... (Un pensamiento especial para Amazon que, por razones de gestión del espacio en sus almacenes y de rentabilidad, empuja el vicio hasta el punto de enterrar masivamente nuevos productos manufacturados).

o Estas decenas de miles de fuegos artificiales se dispararon regularmente en todo el mundo, esparciendo innumerables partículas finas y traumatizando a una multitud de pájaros ...

o Todas las innumerables y variadas contaminaciones ligadas al turismo de masas...

o   El reciente surgimiento de todos los centros de datos y la masiva contaminación que generan...

...etc, etc, etc, etc.

« En lugar de asumir que la Tierra nos pertenece,
debemos darnos cuenta de que pertenecemos a la Tierra. »

Pierre Rabhi

- <u>La inminente escasez de agua</u>

Casi toda el agua de la Tierra está atrapada en el hielo o es agua salada en los océanos. De hecho, el agua dulce disponible para los casi 8.000 millones de personas y un número infinito de especies vivas corresponde a apenas el 0,02% del volumen total de agua del planeta. No más que eso. Esta agua está en el centro de la biosfera, la única parte de nuestro planeta donde la vida es posible. Un conjunto de ecosistemas en los que el agua, por supuesto, pero también el oxígeno, el nitrógeno, el carbono y muchos otros elementos esenciales para la vida, se reciclan constantemente.

El agua dulce es mucho más rara de lo que pensamos: Debido a que cubre casi el 71% de nuestro planeta, podría parecer que el agua es su principal componente. Pero si a escala humana los océanos pueden ser muy profundos, a escala global no lo son en absoluto. El punto más profundo de los océanos está en el Océano Pacífico: la Fosa de las Marianas, que tiene 10.984 metros de profundidad y un diámetro de unos 12.750.000 metros. Al final, si toda el agua de la Tierra - el agua contenida en los mares y océanos, lagos, ríos, aguas subterráneas y hielo - se juntara, esta colosal cantidad de agua seguiría formando una esfera de sólo 1.200 kilómetros de diámetro. Esta es la gran bola azul en la imagen de enfrente. La pequeña bola azul que está a su lado corresponde a la proporción de agua dulce en la Tierra. Y la tercera bola, la pequeña que apenas podemos ver, corresponde al agua dulce disponible, es decir, agua que no está atrapada en el hielo, para todos los seres vivos de todo el planeta...

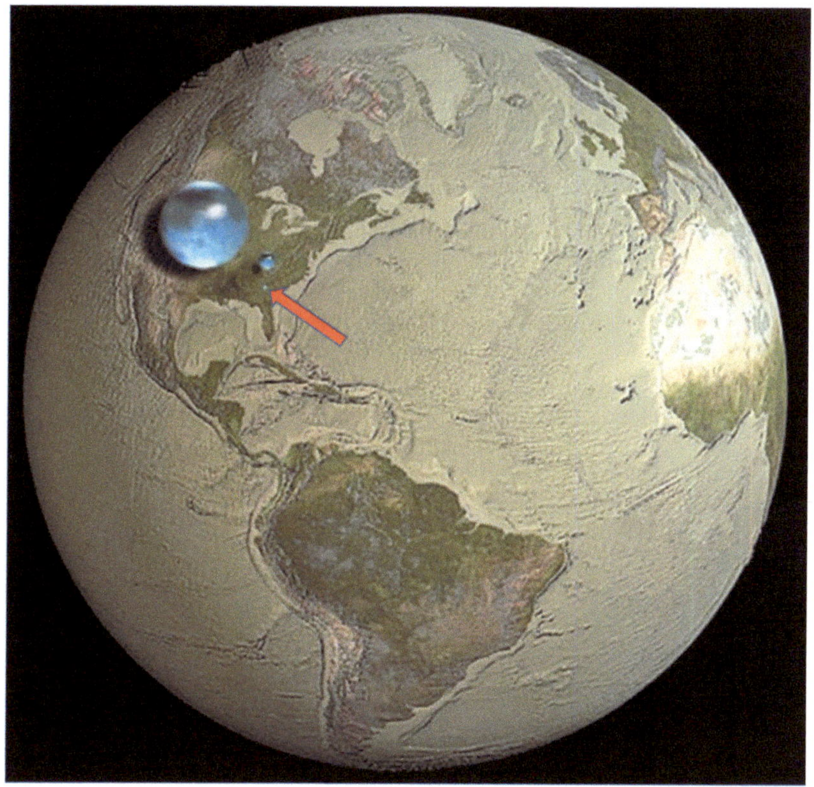

Y el agua, consumimos mucha. Demasiado, porque nuestro uso personal no se detiene en la ducha, las necesidades del hogar y lo que bebemos diariamente. Incluyendo todo lo que consumimos y el agua que usamos para producir y limpiar - lo que llamamos "agua virtual" - la persona occidental promedio usa unos 5.000 litros por persona por día. Si quieres ver algunos ejemplos de esta "agua virtual", debes saber que tienes que

- o   3 litros de agua para producir una botella de 1,5 litros de agua mineral

- o   40 litros para cultivar una ensalada

- o   140 litros para una sola taza de café

- o   185 litros por 1 kilo de tomates

- o   330 litros para una sola baguette de pan

- o   340 por 1 kilo de naranjas

- o   960 litros por una botella de vino

- o   1.000 litros por un kilo de manzanas

- o   1.100 por un litro de leche.

- o   1.900 litros por un kilo de pasta

- o   1.400 litros por un kilo de arroz

- o   2500 litros para una camisa de algodón

- o   11.000 litros para producir un par de vaqueros

- o   13.500 litros por 1 kilo de la carne de vacuno que comes (Porque además de saciar su sed, se utilizó una gran cantidad de agua para producir los cereales con los que se alimentó la carne que comió durante su crecimiento).

Nuestra comida, nuestro estilo de vida, nuestros viajes, nuestras actividades de ocio y, por supuesto, la explosión demográfica: todo contribuye a aumentar constantemente nuestra necesidad de agua. Y esta necesidad crece tan rápido que excede por mucho lo que la naturaleza puede ofrecernos. Para satisfacer nuestras necesidades de agua, el hombre desvía los ríos, seca los lagos e incluso utiliza recursos de agua subterránea muy antiguos y no renovables. A esto se suma la urbanización galopante y las industrias que contaminan cada vez más nuestras reservas. Actualmente, el 85% de las aguas residuales del mundo no están tratadas y por lo tanto se descargan directamente en la naturaleza. No sólo se pierde esta agua, sino que también contamina nuestros recursos de agua potable disponibles. ¡Nos estamos envenenando!

Ya hoy en día, en muchas partes del mundo, el agua se ha convertido en un recurso escaso que necesitan desesperadamente más de mil millones de personas. Una amenaza mortal para algunas de las poblaciones más vulnerables. A principios del siglo XXI, 800 millones de personas no beben agua potable y el agua contaminada mata a más de 4.000 niños menores de cinco años cada día.

Por favor, tómese un momento para releer y comprender el verdadero significado de esta última frase: A principios del siglo XXI, 800 millones de personas no beben agua potable y el agua contaminada mata a más de **4.000 niños menores de 5 años cada día**.

« Como símbolo del surgimiento de la tecnología y la escasez de nuestros recursos, cuando era niño, el agua era gratis y la música tenía que ser pagada. ¡Ahora es al revés! (¡Y eso apesta!) »

Gérald Vignaud

- <u>Contaminación de los ríos</u>

El agua cubre el 71% de la superficie del planeta. Sin embargo, a pesar de esta aparente abundancia de agua en la Tierra, el agua dulce sólo representa el 3% del total. Y el agua de los ríos es aún más escasa: representa sólo el 0,01% de toda el agua dulce existente. Y esta agua dulce, que se cree que es inagotable y que todos tenemos - personas, animales, árboles, plantas, hongos y bacterias - una necesidad vital que está amenazada por todos lados.

Nuestra forma de vida moderna consume tanta agua que incluso desviamos algunos de nuestros ríos. Cada vez más ríos se están secando y, ya sea grande o pequeño, la contaminación masiva de múltiples fuentes está envenenando río tras río en todo el mundo.

- <u>Gas de esquisto</u>

El gas de esquisto es gas natural que se encuentra en grandes áreas de nuestro continente. Como su nombre indica, el gas de esquisto está contenido en una roca, llamada esquisto, que se encuentra a profundidades medias de 1500 a 5000 metros. El problema del gas de esquisto no es el gas en sí mismo sino el método utilizado para extraerlo: el fracking hidráulico.

Debido a que el esquisto tiene una permeabilidad muy baja, el gas que contiene no fluye hacia los depósitos como lo hace con otros tipos de rocas. La fractura hidráulica implica inyectar agua a alta presión en el pozo. Esto crea fracturas en la roca y permite que el gas fluya. El agua utilizada se mezcla con arena y un cóctel de una multitud de productos químicos que constituye hasta el 2% del contenido. Químicos que lubrican y así facilitan el flujo de gas.

Alrededor del 50% de esta agua altamente contaminante puede ser recuperada para su tratamiento o reutilizada para posteriores fracturas hidráulicas. **El 50% no lo es.** En cuanto a la primera mitad de estas aguas residuales altamente tóxicas, es, en teoría, recuperada y reciclada por las empresas que explotan los depósitos. En general, los industriales se han acostumbrado, por desgracia, a optimizar sus costes a expensas del medio ambiente. Por lo tanto, existe una gran preocupación sobre el destino final de esta agua. Y en cuanto a la otra mitad, la que no se recupera, esto plantea un verdadero problema. Esta agua cargada de productos químicos contamina el suelo y las aguas subterráneas, multiplicando así los peligros para el medio ambiente, los ecosistemas y las poblaciones locales.

En nuestro mundo, donde la energía es un tema importante, la revolución vinculada a la explotación del gas de esquisto en los Estados Unidos ha despertado el interés por su potencial en otros países del mundo, en particular en Europa ...

- <u>El problema de los residuos nucleares</u>

La energía nuclear, nos dicen los profesionales de la industria, resuelve muchos problemas. Cubre nuestras crecientes necesidades de electricidad, contrarresta la creciente escasez de combustibles fósiles y cubre la necesidad indispensable hoy en día de utilizar energías que no acentúen el calentamiento global. Pero los problemas de la energía nuclear son importantes. En primer lugar, la seguridad de las centrales eléctricas - como hemos visto con los accidentes de Three Mile Island, Chernobyl y Fukushima - y su desmantelamiento son actualmente muy complicados, si no imposibles. Pero también está, sobre todo, el problema de los residuos nucleares.

Hasta la fecha no se sabe cómo reciclarlas y se ha abandonado la solución de enviarlas al espacio debido a los riesgos asociados a una posible explosión del cohete al despegar. Así que se almacenan, se entierran o se tiran al mar. Según el Organismo Internacional de Energía Atómica, en la segunda mitad del siglo XX, los países nucleares vertieron más de 100.000 toneladas de desechos nucleares en los océanos. Pero ya sea almacenados, enterrados o vertidos al mar, algunos de estos residuos tardarán cientos de miles de años en perder completamente su radiactividad. Así que estamos dejando esta contaminación para miles de generaciones venideras...

- <u>Contaminación del espacio</u>

Desde el Sputnik y el comienzo de la conquista espacial en 1957, cerca de 8000 naves espaciales han sido lanzadas por diferentes naciones. Una gran cantidad de escombros han sido arrojados al espacio. Se han acumulado casi exponencialmente y hoy en día es un gran manto de un cubo de basura "High Tech" que gira a muy alta velocidad en órbita alrededor de la Tierra. Bajo el impacto de los violentos choques relacionados con la velocidad, estos objetos de todos los tamaños se subdividen en objetos cada vez más pequeños, aumentando así el riesgo de colisión. Y todo esto sin contar los 42.000 (¡¡¡42.000!!!) satélites adicionales del proyecto "Starlink" que el multimillonario Elon Musk quisiera lanzar y posicionar alrededor del globo...

Aunque esta contaminación es mucho menos grave y urgente que las muchas otras que desgraciadamente se pueden encontrar en la Tierra, el simbolismo es sin embargo cruel. Incluso en el espacio, el hombre ha tenido éxito en la hazaña de contaminar su entorno.

Así que aquí está un rápido resumen de los principales desafíos ecológicos que enfrenta la humanidad a principios del siglo XXI. Por supuesto, entre todos estos desafíos ecológicos, algunos son más grandes, más importantes, más complejos y más urgentes que otros. Sin embargo, además de estar todos directa o indirectamente interconectados, todos comparten una causa común: el desarrollo de las actividades humanas. Son las consecuencias de nuestro actual sistema económico, basado en un crecimiento máximo e infinito y una disminución generalizada de la población. Una multitud de personas cuyos cerebros son muy a menudo envenenados por las redes sociales y los medios de comunicación.

« Cuando hayan cortado el último árbol, contaminado el último arroyo, capturado el último pez, entonces se darán cuenta de que el dinero no se debe comer. »

Actuar, individual y colectivamente

En los milenios desde el advenimiento del Homo sapiens, nuestra relación con la Naturaleza ha cambiado dramáticamente. De ser animistas y místicos - en los que nos comunicábamos directa y respetuosamente con cada uno de los seres que compartían la Tierra con nosotros - nuestra relación con nuestro planeta se ha transformado gradualmente con el tiempo en una relación de dominación y explotación económica, inmoral y destructiva.

Atrapados por los medios de comunicación y encarcelados en sus problemas diarios, la gran mayoría de la gente no se da cuenta de que nuestra autodestrucción ha comenzado. Hoy en día, todo está casi en su lugar para finalizar nuestra propia extinción y no nos queda mucho tiempo para reaccionar. En palabras de Paul Watson, si queremos sobrevivir en este planeta, tendremos que integrar que debemos vivir de acuerdo con las tres leyes de la ecología:

- o La primera ley de la ecología es **la ley de la diversidad**: La fuerza de cualquier ecosistema natural se basa en su biodiversidad. Cuanta más biodiversidad alberga, más fuerte es el ecosistema.

- o La segunda ley de la ecología es **la ley de la interdependencia**: todas las especies de un ecosistema son interdependientes y se necesitan unas a otras.

- o La tercera ley de la ecología es **la ley de los recursos finitos**: Hay un límite al crecimiento y un límite a la capacidad de regeneración de la naturaleza.

Seamos claros: no se trata de consejos, sino de verdaderas leyes de la Naturaleza que debemos comprender y respetar absolutamente. Este respeto es indispensable si no queremos sufrir las consecuencias dramáticas y duraderas de un desequilibrio en nuestros ecosistemas. Pero aquí estamos atrapados en un vórtice destructivo que nosotros mismos hemos creado. Y la conclusión, si uno tiene el coraje de hacer un análisis objetivo y factual de la situación, es amarga. Como una célula cancerosa, parece que la humanidad ha declarado la guerra a todo su planeta y sus ecosistemas.

En nuestro mundo en medio de una revolución identitaria, ideológica y tecnológica, todo se mueve muy rápido. Demasiado rápido. Ya sea ecológico o humano, los desafíos que enfrentamos son a la vez inéditos y colosales. Sin embargo, ante la inmensidad de lo que se avecina, muy pocas personas parecen ser capaces de comprender verdaderamente la situación y responder con eficacia.

Prisioneros de sus creencias y enredados en sus problemas personales, la abrumadora mayoría de la gente -los que forman la opinión pública- se quedan atónitos frente a las pantallas de sus televisores y teléfonos inteligentes, sin siquiera percibir los cambios y peligros que nos amenazan.

Sin una visión global de las cosas, los "expertos" en todos los campos - cuando no están al servicio de los lobbies y las multinacionales - a menudo bordean el autismo, tratando de dominar sólo sus campos de competencia en los que a veces incluso se pierden por completo ante la evolución demasiado rápida de nuestro mundo.

Sin mencionar a los responsables de la toma de decisiones -políticas y económicas- que la mayoría de las veces ven y deciden sólo a través de un prisma ideológico ultraliberal y en sus propios intereses a corto plazo.

« Estáis perdidos si olvidáis que los frutos son de todos
y que la tierra no es de nadie. »

Jean-Jacques Rousseau

Proteger y preservar nuestro planeta será, sin duda, la mayor, más difícil y más importante lucha de todos los tiempos. Y está sucediendo ahora, a principios del siglo XXI. ¡Frente a este predicho colapso ecológico, se ha vuelto más que urgente que reaccionemos!

<u>Tenemos que reaccionar **individualmente** primero, en particular:</u>

- o Nuestra decisión personal de abrir realmente los ojos a la realidad actual y real de nuestro mundo y los peligros que lo amenazan.

- o Una autoeducación proactiva para adquirir un mejor conocimiento personal del funcionamiento de nuestros ecosistemas, conocer las causas de sus actuales trastornos y comprender todas sus consecuencias.

- o Reduciendo nuestro consumo de energía siempre que sea posible.

- o Cambiar nuestras acciones y hábitos diarios en términos de estilo de vida y consumo.

o Apoyar con nuestros votos a los pocos políticos que realmente entienden estas cuestiones ecológicas y que se comprometen a hacer todo lo posible para limitar sus daños en la medida de lo posible.

o Una reinvención permanente de nuestra forma de pensar para luchar por un mayor crecimiento personal interno en lugar de un mayor crecimiento material. Más logros personales en lugar de más dinero. Más compasión en lugar de más egocentrismo. Una visión global más a largo plazo, en lugar de una visión personal más a corto plazo.

o Contribuir al advenimiento de una nueva visión de nuestro mundo basada en el equilibrio y el respeto de sus recursos y seres vivos.

o ¿Y por qué no, ya que es mejor cuando la vida tiene sentido, una evaluación muy seria de la posibilidad de dedicar la propia vida a ayudar a resolver uno de los grandes desafíos del siglo XXI?

Pierre Rabhi cuenta a menudo la historia del pequeño colibrí que, cuando su bosque se quema, va y viene entre el lago y la chimenea principal, con su pequeño pico lleno de agua, para tratar de extinguirlo. En un momento dado, se encuentra con un majestuoso tucán con un gran pico multicolor. Asombrado por su actitud, el tucán señaló al pequeño colibrí que con su pequeño pico lo que está haciendo es casi inútil. "¡Estoy haciendo mi parte! "respondió el pequeño colibrí...

Actuar individualmente, cada uno a su nivel, sin duda no será suficiente para resolver todos estos grandes desafíos. Sin embargo, es indispensable que cada uno de nosotros, aunque sea por razones morales, haga "nuestra parte".

« Cuando una legislación contradice las leyes de la Naturaleza,
es un deber moral oponerse a ella. »

Vandana Shiva

<u>Debemos entonces reaccionar **colectivamente**, en particular:</u>

- o Un aumento masivo de la opinión mundial sobre la peligrosidad, el crecimiento y la inminencia de todos estos grandes desafíos que enfrentamos. A este respecto, sería bienvenida una recalificación voluntaria de las prioridades dadas por los principales medios de comunicación a sus noticias. Porque no, un terrorista que se vuela a sí mismo con una bomba en el metro, una catedral milenaria que se quema en el centro de París o la final de una Copa del Mundo de fútbol no es de hecho más importante -muy al contrario, de hecho y con mucho- que el cambio climático, la deforestación o la destrucción de la biodiversidad.

- o La gestión de todos estos desafíos debe estar a la altura de lo que deberían ser: **situaciones de crisis planetarias urgentes y de gran envergadura**, al menos comparables a las experimentadas durante la Segunda Guerra Mundial o, más recientemente, durante la propagación mundial de COVID 19. Esto incluye, en particular, las decisiones muy desagradables que deben tomarse, las necesarias liberaciones financieras colosales y la movilización de todos.

- o Un ambicioso plan internacional, firmado y sostenido por todos los países para la protección de los océanos con los medios financieros, científicos, militares y jurídicos necesarios.

- o Un ambicioso plan internacional, firmado y mantenido por todos los países para la protección de los bosques primarios con los medios financieros, científicos, militares y jurídicos necesarios.

- o Un ambicioso plan internacional, firmado y sostenido por todos los países para la protección y preservación de las reservas de agua dulce - lagos, ríos y aguas subterráneas - con el establecimiento de los medios financieros, científicos, militares y jurídicos necesarios.

- o Un ambicioso plan internacional, firmado y sostenido por todos los países, para limpiar completamente nuestro planeta con el fin de eliminar y reciclar toda la basura que se encuentra alrededor y que contamina nuestros ecosistemas.

- o Un ambicioso plan internacional firmado y mantenido por todos los países para la gestión y el reciclaje de los desechos. (Para su información, en el momento de escribir este artículo, los países ricos "venden" sus residuos de todo tipo a los países pobres que se supone que deben reciclarlos para nosotros...)

- o Imponiendo impuestos muy fuertes - incluso prohibiendo - la producción de residuos que la naturaleza no puede reciclar en una escala de tiempo humana. Un ejemplo muy simple con el plástico: si inunda nuestro planeta - mientras que existen alternativas biodegradables - es simplemente porque es muy barato de producir. Para frenar y luego detener su producción, basta con gravarla fuertemente e invertir todos los ingresos en subsidios devueltos a la producción de las soluciones alternativas.

- o Una guerra total y global contra los depredadores ecológicos de todo tipo que no dudan en aplastar nuestro planeta para maximizar los beneficios de sus empresas.

- o Órganos jurídicos internacionales que estén realmente facultados para hacer cumplir las leyes de protección del medio ambiente ya en vigor, así como otros, mucho más estrictos, que deben crearse con urgencia.

- o Mejor gestión de nuestra producción y consumo de energía.

- o Una revolución que, más que política, económica o energética, debe ser también y sobre todo espiritual.

« En nuestras sociedades, seguimos sistemas que a menudo ocupan la mayor parte de nuestro tiempo y no están en el orden natural de las cosas. Navegamos en una superestructura que los humanos hemos creado. »

B.J. Miller

Más que una revolución ecológica, una revolución espiritual

Aunque está lleno de oportunidades, nuestro mundo también está, paradójicamente, en gran peligro. Nuestro planeta está sufriendo una transformación gigantesca y sin precedentes. Más que nunca, se ha vuelto esencial que nos veamos no de manera estática y en un momento dado, sino en movimiento a través de una perspectiva global. Si queremos entender la situación actual, necesitamos saber de dónde venimos, dónde estamos hoy y, sobre todo, cuáles son las razones fundamentales de estos cambios.

El hombre es la única especie en la Tierra que pide más y más. Hoy en día, el continuo crecimiento del consumo por parte de una población mundial cada vez mayor nos lleva inexorablemente a un agotamiento a corto plazo de los recursos naturales.

Para ganar dinero, destruimos metódicamente, uno tras otro, casi todos los ecosistemas de nuestro planeta. ¡Según el informe del WWF *Living Planet 2018*, "Entre 1970 y 2014, las poblaciones de vertebrados -peces, aves, mamíferos, anfibios y reptiles- se redujeron en un 60% a nivel mundial y en un 89% en los trópicos y en América Central."! La situación absolutamente dramática que hemos producido es tan abrumadora que ya no podemos ni siquiera darnos cuenta de las frases que se utilizan para describirla. Hasta tal punto que estas palabras se convierten, para la mayoría de nosotros, en una gran banalidad y pasan a través de nosotros sin que las entendamos realmente.

Por lo tanto, propongo que relea esta frase: "**Entre 1970 y 2014, las poblaciones de vertebrados -peces, aves, mamíferos, anfibios y reptiles- han disminuido en un 60% a nivel mundial y en un 89% en los trópicos y en América Central.**" Pero esta vez, tómese unos minutos para pensar realmente en ello, para integrar su verdadero significado y todas sus consecuencias:

- o Qué significa realmente: "Entre 1970 y 2014, las poblaciones de vertebrados - peces, aves, mamíferos, anfibios y reptiles - han disminuido en un 60% a nivel mundial y en un 89% en los trópicos y en América Central." ?

- o ¿Cómo se llegó a esto?

- o ¿Qué responsabilidad colectiva tenemos todos en esta situación?

- o ¿Cuál es mi responsabilidad individual, en términos de cómo pienso, vivo y consumo en esta situación?

- o ¿Cuáles son las consecuencias para nuestro planeta hoy en día?

- o ¿Esta situación tiende a mejorar o empeorar?

- o ¿Imperimenta de forma lenta y lineal o, por el contrario, de forma rápida y exponencial?

- o ¿Cuánto tiempo más puede durar esto?

- o ¿Cuánto tiempo más va a durar esto?

- o ¿Cómo afectará a nuestras vidas?

- o ¿Qué impacto tendrá esto en los niños?

- o ¿Cuál será el estado de la vida en la Tierra en 20, 50 y 100 años (es decir, mañana)?

- o ¿Cuál es nuestra responsabilidad moral en todo esto?

- o ¿Cómo podemos cambiar todo esto antes de que sea demasiado tarde?

La organización del mundo tal y como la aplicamos el Homo sapiens a principios del siglo XXI no durará mucho tiempo estructuralmente. Está claro que una economía liberal que aboga por un crecimiento exponencial e infinito en un mundo finito no es matemáticamente posible.

Para cambiar las cosas y salvar nuestro planeta del inminente colapso ecológico, se ha vuelto imperativo hacer una revolución. Los sistemas que la humanidad ha establecido a lo largo del tiempo son tan complejos, entrelazados y bloqueados por intereses tan poderosos que una revolución, ya sea política, económica o energética, parece improbable. Para salir de esta situación, <u>la única revolución posible, la que debemos liderar, es una espiritual</u>. Cuando utilizo la palabra espiritual aquí, no me refiero a la religión de ningún tipo, sino a algo mucho más universal. Hablo de esa intuición que está omnipresente en todos nosotros y que Teilhard de Chardin captó muy bien: « No somos seres humanos viviendo una experiencia espiritual, somos seres espirituales viviendo una experiencia humana ».

« No somos seres humanos viviendo una experiencia espiritual, somos seres espirituales viviendo una experiencia humana. »

Teilhard de Chardin

Tenemos que admitir que sólo estamos aquí por una chispa de tiempo en un pequeño planeta perdido en la inmensidad del Universo.

Debemos darnos cuenta de que este planeta no nos pertenece y que sólo estamos invitados.

Debemos asimilar que en la escala del Universo, todos somos, sin excepción, desde el Presidente de los Estados Unidos hasta el último de los drogadictos, micro-polvo de mierda y en consecuencia **todos** debemos poner nuestros egos en "off".

Debemos darnos cuenta de que cualquier Homo sapiens promedio que viva en el siglo XXI tiene un balance ecológico ultra positivo en general y un balance de carbono en particular (especialmente si es occidental). Y la mayoría de las veces, si bien contribuye poco o nada a la evolución positiva de la humanidad, también se da el lujo de pensar que existe un "derecho" blandiendo el concepto de "ecología punitiva" en cuanto se le pide que reduzca su consumo, sus residuos y, más en general, su impacto sobre los recursos de nuestro planeta. Como recordatorio, desde su nacimiento hasta su muerte, el balance ecológico y de carbono de Mozart está muy cerca de cero, mientras que el legado que lega a la humanidad bordea el infinito...

Debemos entender que cada una de nuestras acciones que producen contaminación irreversible - como el consumo de plástico - es una deuda ecológica que se transfiere a las generaciones futuras. Una deuda que tendrán el imperativo vital de pagar y a la que tendrán que pagar un interés colosal.

Necesitamos desafiar muchas, muchas creencias individuales y colectivas que tenemos sobre nosotros mismos y el mundo.

Debemos abandonar la idea de que sólo la ciencia y la tecnología liberarán a la humanidad.

Debemos darnos cuenta de que el crecimiento exponencial e infinito -ya sea demográfico, económico o tecnológico- no es natural, indispensable ni preferible al equilibrio.

Antes de que sea demasiado tarde, tenemos que admitir que el mundo tal y como lo hemos hecho evolucionar ya no puede mantenerse unido estructuralmente y que nos dirigimos directamente a un muro.

En lugar de aceptar las cosas que no podemos cambiar, debemos elegir cambiar las cosas que no podemos aceptar.

Necesitamos revolucionar la forma en que actuamos y también, y sobre todo, la forma en que pensamos.

Tenemos que darnos cuenta de que entre un tomate industrial producido en el sur de España y vendido en Carrefour a 1 euro por kilo y un tomate orgánico producido cerca de casa y comprado en una tienda orgánica a 3,5 euros por kilo, el más barato no es el que pensamos. En efecto, si añadimos el costo del impacto en la salud (el tratamiento del cáncer que tendrá dentro de 15 años debido a los pesticidas que contiene su tomate) y el impacto ecológico (la destrucción de la tierra cultivable y la biodiversidad debido a esos mismos pesticidas, así como la contribución al calentamiento del planeta debido a los combustibles fósiles utilizados en su transporte en camión a través de Europa), a largo plazo, el tomate industrial -a pesar de su sabor insípido y su bajo valor nutritivo- cuesta mucho más.

Debemos entender que, directa o indirectamente, todo está interconectado. Para entender y resolver una situación de la manera más efectiva, debemos por lo tanto desarrollar un enfoque transdisciplinario de las cosas.

Necesitamos desconectarnos de las pantallas y de lo digital para reconectarnos con la naturaleza y con nosotros mismos.

Debemos percibir que hay, con mucho, mucha más inteligencia y tecnología en cualquier planta o insecto "insignificante" que en el último teléfono inteligente. Por lo tanto, debemos considerar la naturaleza como una biblioteca de la que podríamos obtener enormes beneficios leyendo los libros que contiene en lugar de quemarlos uno por uno como un combustible común para calentarnos durante el invierno.

Debemos aprender a ver más allá de lo que ven nuestros ojos. Cuando pones una bellota en la palma de tu mano, puedes ver sólo una bellota. Pero también puede abrir sus ojos y su mente más ampliamente para ver que hay miles de millones de años de evolución detrás de ella que recientemente han dado lugar a una magnífica línea de majestuosos robles, el último de los cuales dio a luz a esta esperanzadora pequeña bellota. Una pequeña bellota que tiene el potencial de convertirse en un brote, luego en un árbol, luego en un bosque...

Debemos iniciarnos en la meditación y escuchar nuestra conexión con nosotros mismos, con la Naturaleza y con el Universo.

Y debemos compartir esta filosofía con nuestros hijos iniciándolos también en la meditación y escuchando su conexión con ellos mismos, con la Naturaleza y con el Universo.

Debemos prestar especial atención a la educación que damos a nuestros hijos dándoles tiempo, amabilidad y amor. ¡Mucho amor! Debemos enseñarles a respetarse a sí mismos, a los demás, a los animales y al planeta.

Y como la educación es el arma más poderosa que podemos usar para cambiar el mundo, debemos democratizar la pedagogía de María Montessori. Dado que, en virtud de sus resultados, se reconoce unánimemente como uno de los más eficaces de todos, debemos hacer que sea la norma por defecto utilizada en todas nuestras escuelas públicas y sistemas de educación.

Debemos transformar nuestras economías de mercado (basadas en el crecimiento y el consumo excesivo) en una economía de recursos (basada en el equilibrio y la preservación de nuestros recursos y ecosistemas).

Debemos salvar al último de los grandes mamíferos antes de que sea demasiado tarde.

Necesitamos desplastificar nuestras civilizaciones y limpiar nuestro planeta de todos los residuos que lo desfiguran.

Debemos desintoxicarnos de los combustibles fósiles y detener el calentamiento global para limitar sus consecuencias.

« Veo un futuro en el que ir a trabajar o a la escuela o
a la tienda no causa contaminación. »

Bernie Sanders

Necesitamos urgentemente regenerar nuestros suelos.

Debemos dejar de inundar inmediatamente todos los ecosistemas de nuestro planeta con todo tipo de química.

Debemos luchar por lo que creemos que es correcto.

Debemos respetarnos mejor y reinventar la forma en que comemos negándonos a consumir todas aquellas cosas que destruyen nuestro cuerpo y, muy a menudo, el planeta: comida basura, agricultura y ganadería intensiva, OGM, alimentos industriales, química alimentaria, etc. etc.

Necesitamos reinventar nuestra relación con la medicina, que hoy en día no tiene casi ninguna conexión con la salud y el bienestar.

Necesitamos alejarnos del "Dios consumidor", transformar nuestra relación con las cosas materiales y aligerar nuestras vidas.

Debemos imperativamente proteger y preservar los Bienes Comunes: el agua, el aire, el suelo, las semillas, el clima. Todas estas cosas no son ni bienes privados ni públicos, sino, como su nombre lo indica, bienes comunes indispensables para la vida de todos, incluidas las plantas y otras especies animales.

Debemos entender y aceptar que todos los animales de este planeta, desde el saltamontes hasta el oso polar, el buitre, la caballa o la araña, **tienen la misma legitimidad para vivir aquí que nosotros**. Por consiguiente, debemos asumir nuestro deber de protegerlos individualmente como seres y preservarlos colectivamente como especie.

Debemos preservar nuestros ecosistemas con especial cuidado de nuestros bosques, pantanos, lagos, ríos, manglares, arrecifes de coral, mares y océanos.

No sólo debemos defender la naturaleza, sino que debemos ir más allá de ella reconectándonos con ella para volver a formar parte de ella.

Tenemos la responsabilidad moral de proteger nuestro planeta y de transmitirlo a las futuras generaciones y especies.

« El planeta Tierra es un objeto bello y frágil que alberga una mezcla de formas de vida que son ciertamente raras, si no únicas, en todo el Universo, y la preservación de su integridad es ahora el privilegio y la responsabilidad de la humanidad. »

Ervin László

¡Debemos integrar que el secreto de la vida es dar!

Necesitamos entender que el Universo es una estructura holística. Por lo tanto, somos una colección de muchos elementos más pequeños, así como uno de los elementos diminutos de un conjunto mucho más grande, en sí mismo un elemento diminuto de un conjunto aún más grande, y así en....

Debemos entender que el Universo es una fuerza colosal que está más allá de nosotros y debemos confiar en él.

Nuestro único enfoque principal debería ser: Amar, crecer y dar.

Individual y colectivamente, debemos acceder a los niveles superiores de conciencia.

Todos nosotros, quienquiera que seamos, debemos tomar conciencia del problema global que enfrenta nuestro planeta y comprometernos a ayudar a resolverlo.

Y "todos nosotros, quienesquiera que seamos", comienza contigo. Pregúntese:

¿Qué significa realmente la palabra "ecología" para mí?

____
____
____
____
____
____
____
____
____
____

¿Cuál es mi nivel de conocimiento y comprensión de los desafíos ecológicos actuales?

____
____
____
____
____
____
____
____
____
____

¿Son estos temas los que me interesan? ¿Por qué son interesantes?

____

____

____

____

____

____

____

____

____

____

____

____

____

____

____

____

¿Cuál es mi opinión sobre la actual crisis ecológica? ¿Por qué?

____

____

____

____

____

____

____

____

____

____

____

____

¿Soy consciente de que a muy corto plazo nos dirigimos a un gran colapso ecológico?

☐ Sí   ☐ No

Si mi respuesta es no, ¿no es prudente, dada la importancia del tema, que me tome el tiempo necesario para estudiar la cuestión?

☐ Sí   ☐ No

Si ha respondido afirmativamente a esta pregunta, le recomiendo el libro del astrofísico Aurélien Barrau: "¡Ahora!: El desafío más grande de la historia de la humanidad". Si respondiste que *no*, sólo puedo aconsejarte el doble... (y si realmente no te gusta leer, escribe su nombre en YouTube y tómate el tiempo de escuchar uno o dos de sus videos sobre este tema).

____

« No naces como ecologista, te conviertes en uno. »

Nicolas Hulot

____

¿Cuáles son los comportamientos individuales que puedo decidir tener ahora en mi vida diaria para limitar mi impacto negativo en el planeta (por ejemplo: Dejar de comprar aparatos inútiles, Reparar en lugar de reemplazar, Limitar -o incluso eliminar- mi consumo de carne, Reemplazar el avión por el tren, el coche por la bicicleta, Limitar mi consumo de energía siempre que sea posible, Apoyar financieramente a ONGs sanas y comprometidas como Sea Shepherd, Rewild, One Voice, SOS Océan, la fundación GoodPlanet o el WWF...etc.).)

¿Cómo puedo contribuir a impactar los comportamientos colectivos que van en la dirección de las soluciones (ej.: voto por personas que entienden estos problemas y que están realmente comprometidas con su solución, denuncio y participo en la presión sobre los eco-depredadores de todo tipo, Por mi actitud, valoro los comportamientos positivos para influir positivamente en el conformismo social, contribuyo, por ejemplo, al advenimiento de un nivel de conciencia superior...).

De todos los grandes desafíos ecológicos del siglo XXI, ¿cuáles me molestan más? ¿Cuáles?

Si tuviera que elegir sólo uno para actuar, ¿cuál sería? ¿Por qué?

Y como es mejor cuando la vida tiene sentido, ¿estaría dispuesto a considerar seriamente la posibilidad de dedicar mi vida a ayudar a resolver uno de los grandes desafíos del siglo XXI? ¿Por qué iba a hacer eso?

____

____

____

____

____

Si es así, ¿cuáles son los primeros pasos que puedo empezar a dar hoy (por ejemplo: aprendo más precisamente sobre el problema cuestionando Internet, pido libros sobre el tema, leo "EARTHFORCE: An Earth Warrior's Guide to Strategy" del Capitán Paul Watson, conozco gente que domina el tema, me uno a las asociaciones que trabajan en él, creo una fundación y pongo en marcha proyectos... etc.).

____

____

____

____

____

____

____

____

« Nunca cambiarás las cosas luchando contra la realidad existente.
Para cambiar algo, construye un nuevo modelo que haga que
el modelo actual sea obsoleto. »

Richard Buckminster Fuller

____

¿Qué clase de mundo queremos dejar a nuestros hijos?

El siglo XXI está amaneciendo en un planeta Tierra enfermo donde cada vez más gente está consumiendo - y desperdiciando - más y más recursos a medida que se empobrecen y se renuevan menos rápidamente. ¡Si la humanidad no da **un giro radical** en su forma de pensar y funcionar, nos dirigimos directamente a una reacción en cadena de grandes cataclismos ecológicos con consecuencias impredecibles!

Creo que el mayor peligro para nuestro planeta es la creencia común de que alguien más lo salvará. Ahora es imperativo que escuchemos la pregunta crucial que este comienzo del siglo XXI nos plantea a todos y cada uno de nosotros, de forma individual e íntima.

Más que nunca, el mundo necesita verdaderos líderes comprometidos.

¿Responderá a la llamada?

Conclusión

« El conocimiento es un arma, ¡ahora lo sabes! »

Toda su vida habían trabajado duro y nunca se habían tomado un solo día libre. Según los criterios sociales más extendidos en nuestra sociedad, esta pareja de comerciantes había tenido un éxito brillante. Después de casi 35 años de duro trabajo, estaban al frente de unas quince panaderías de calidad, todas situadas en las mejores zonas de la capital. Tenían un centenar de empleados leales y su negocio iba muy bien. Y no fue una coincidencia: durante 35 años habían estado administrando su dinero muy cuidadosamente, sin hacer ningún gasto superfluo y reinvirtiendo todo lo que podían. Habían estado haciendo esto durante tanto tiempo que el ahorro se había convertido en una segunda naturaleza para ellos, hasta el punto de que nunca habían ido de vacaciones juntos.

Una noche, durante la cena, después de un largo y cansado día de trabajo, la mujer tuvo un pensamiento:

- Dime, cariño, nunca hemos estado de vacaciones. ¿Qué dirías si nos vamos de crucero? Bueno, veo que hay algunas promociones en este momento...

Su marido estaba desgarrado. En el fondo quería irse, pero había creado un poderoso programa para sí mismo que le exigía no gastar dinero innecesariamente. Después de unos segundos de reflexión, le propuso matrimonio a su esposa:

- Por qué no, nos permitirá desconectar, nos lo hemos ganado, después de todo. Pero por otro lado, seremos muy cuidadosos con nuestros gastos en el lugar.

Unos días después, se embarcaron durante una semana en una de las joyas de la compañía Cunard: la espléndida Reina María II. Para no salirse del presupuesto, habían planeado todo para reducir al mínimo los costos y, para no tener que pagar el restaurante, empacaron sándwiches en sus maletas.

Así que el viaje comenzó y fue magníficamente bien. Se tomaban tiempo para sí mismos, holgazaneando alrededor de la piscina con un libro en la mano, y participaban en todas las actividades gratuitas durante las cuales conocían a muchas personas con las que simpatizaban. Pero cada vez que era la hora del almuerzo, era la misma escena: la esposa les decía a sus compañeros de viaje que no se sentía bien, y ellos iban con su marido a su pequeña cabaña sin ventana donde comían sus provisiones.

La semana de vacaciones se pasó de esta manera, y aparte de las comidas, se divirtieron. En la última noche del crucero, cuando sus provisiones estaban casi agotadas y su último pedazo de pan estaba rancio desde hacía cuatro días, la mujer propuso:

- Querida, probablemente no nos iremos de vacaciones por mucho tiempo. En lugar de comer más pan y queso rancio esta noche, ¿qué te parece tener un restaurante juntos para nuestra última noche en el barco?

Encantado con la idea, su marido estuvo de acuerdo.

Cuando llegaron al restaurante, el camarero les ofreció una mesa con una vista absolutamente suntuosa del sol poniente. La música de fondo era suave y la noche parecía agradable. Cuando el camarero les entregó los menús, se asombraron de no ver ningún precio asociado a los platos. Al hacer el pedido, el marido preguntó cuánto costaba el que quería elegir. Sorprendido, el camarero les dijo simplemente que podía tomar lo que quisieran porque las comidas estaban incluidas en el precio del viaje...

« La vida es demasiado corta para ser pequeña. »

Tim Ferriss

¡La vida es un regalo!

¡Creo que la vida es un regalo! Un viaje que se nos ha dado y que tenemos la oportunidad de disfrutar al máximo. Por supuesto, cuando hablo de disfrutar el viaje al máximo, no estoy pensando aquí en cosas materiales, sino que hablo de experiencias, logros, desarrollo personal, contribuciones y la calidad de las emociones que se nos dan para experimentar. La mayoría de nosotros estamos condicionados a aceptar vivir muy por debajo de nuestro potencial y nuestras posibilidades de realización. Desafortunadamente, a menudo es sólo al final del viaje cuando nos damos cuenta de esto y lamentamos amargamente algunas de nuestras elecciones.

Dicen que **la definición de infierno es cuando, cuando mueres, la persona que eres se encuentra con la persona en la que podrías haberte convertido**. Pregúntate: si mueres hoy, ¿te irás al infierno?

Si la respuesta a esta pregunta es afirmativa, lo cual es estadísticamente más que probable, puede ser el momento de responder. Independientemente de su edad y de dónde esté su vida hoy, decida tomar el control de ella de nuevo. No es necesariamente fácil, pero tengo una gran noticia para ti: no es lo que has hecho hasta ahora lo que importa, sino lo que hagas de ahora en adelante.

« No es lo que has hecho hasta ahora lo que cuenta,
sino lo que vas a hacer de ahora en adelante. »

Gérald Vignaud

Pero para contrarrestar esta excelente noticia, también hay algo que debe tener en cuenta: si no se aplica, todo el aprendizaje es inútil. Lo que, en resumen, significa que si no toma medidas después de leer este libro, entonces habrá sido inútil para usted.

Cuando eras un niño, sólo podías soportar y eras víctima de las circunstancias. Pero ahora que eres un adulto, eres una víctima de tus decisiones. No importa cuál sea el momento de tu vida, el mejor momento para tomar el control es ahora. No hay más excusas, porque tienes las primeras claves para una vida exitosa y las direcciones en las que profundizar en tu búsqueda. Entienda esto: hoy es el primer día del resto de su vida. Saca esa famosa caja de sueños de la que hablábamos antes. Abre tu mente, déjala correr sin juicio y decide cuáles quieres conquistar. Vuelva a leer las notas personales que tomó mientras leía este libro y tómese un tiempo para pensar en ellas. ¿Quién eres realmente? ¿Cuáles son sus experiencias pasadas, sus éxitos, sus fracasos, sus emociones, sus intuiciones? ¿En quién quieres convertirte realmente? Y lo más importante, ya sea en su comunidad o a escala global, ¿cómo quiere tener un impacto positivo en el mundo? Vuelve al capítulo sobre tus objetivos y toma medidas. ¡Entra en acción hoy!

A veces los días nos parecen largos pero, al final, el tiempo vuela y los años son cortos. Nunca pierdas de vista el hecho de que en unas pocas décadas - cien años como mucho - estarás muerto y también lo estarán todos tus seres queridos. De hecho, en apenas un siglo, casi todos los actuales habitantes del planeta se habrán renovado. Así que no pierdas el tiempo, porque para ti está sucediendo ahora. ¡Mañana será demasiado tarde!

¿Cambiar el mundo?

Como Helen Keller dijo tan acertadamente, « ¡La vida o es una aventura atrevida o no es nada! ». Y como sólo tienes uno, decide vivir una vida rica y excitante. Llénese de información positiva, conozca gente interesante y sienta curiosidad por todo: siempre encontrará algo emocionante y constructivo que hacer. Observa, escucha y aprende. Desarrollar nuevas ideas y explorar nuevos caminos. Y ya que el mundo está formado por gente irrazonable, ¿por qué no decides finalmente ser tú mismo, aunque eso signifique ser realmente irrazonable?

Y por cierto, mientras hablamos de planes poco razonables. Hágase esta pregunta: ¿le gusta realmente el mundo en el que vivimos? Si no, ¿qué te gustaría cambiar? Y si tuvieras el poder en tu vida de cambiar radicalmente una cosa, **una sola**, ¿qué sería? Es importante que te hagas esta pregunta, porque la buena noticia es que ya tienes el poder de hacerlo.

Si hay algo que desafortunadamente no aprendemos en la escuela es que una persona determinada que actúa con pasión, visión, estrategia e inteligencia es capaz de unir a una comunidad de personas comprometidas y lanzar una verdadera dinámica. Una dinámica que, con el tiempo y el efecto acumulativo, puede transformar la faz del mundo para siempre. Si lo decides, esa persona puedes ser tú. Y por cierto, si no eres tú, ¿quién será? Y si no es ahora, ¿cuándo?

« Nunca dudes que un pequeño grupo de personas comprometidas pueda cambiar el mundo. De hecho, es lo único que lo ha logrado. »

Margaret Mead

Pase lo que pase, nunca pierdas de vista el hecho de que un día tu corazón dejará de latir. Y ese día ninguno de vuestros miedos, ninguna de vuestras vacilaciones, ninguna de vuestras dudas, ninguno de vuestros arrepentimientos, y ninguna de vuestras metas futuras importarán. A partir de ese momento, las únicas cosas que realmente importarán -y que permanecerán grabadas para la eternidad- serán la forma en que viviste, lo que aprendiste, lo que entendiste, lo que sentiste, lo que diste, la forma en que contribuyeron, el amor que compartieron y hasta dónde lograron impulsar su despertar espiritual.

El secreto de la vida es dar

Una última palabra para concluir. A nivel personal, creo profundamente en la ley del Karma, la ley que dice que cuanto más das, más recibes. Una sabiduría que he tratado de integrar lo más posible en mi vida desde hace muchos años.

Creo que dar de forma anónima y genuinamente desinteresada envía energía al Universo. Una energía que a su vez desencadena un efecto bumerán amplificado que penetrará en tu destino. Creo verdaderamente que el secreto último de la existencia es dar y me gustaría proponerle que aplique esta filosofía a su vida. Si usted encuentra que este libro le ha ayudado de alguna manera, considere la posibilidad de dar una copia a cinco personas que le interesen y que piensen que podría ser útil. Puede tratarse de familiares, amigos, compañeros de trabajo, un socio de negocios o incluso un conocido casual **cuya vida quisiera marcar una diferencia positiva**.

Cuando estaba corrigiendo el manuscrito final de este libro, uno de mis amigos me aconsejó que quitara el último párrafo, diciendo que los lectores pensarían que serviría a mis intereses, lo cual es cierto. Después de pensarlo un poco, pensé que debía dejarlo de todos modos porque sus consecuencias también beneficiarían a muchas otras personas. Por un lado, tendrá un impacto positivo en las vidas de las personas a las que decida dar este libro. Pero sobre todo, este gesto le dará el inestimable privilegio de haber aportado un valor añadido a la vida de los demás. Y tal vez incluso, en algunos casos, haber hecho un cambio radical y positivo en la trayectoria de sus vidas.

¿Quiénes son las cinco personas a las que les daré una copia de este libro?

    o 1 ____

    o 2 ____

o 3 _______________________________________

o 4 _______________________________________

o 5 _______________________________________

Y ya que es hora de concluir este libro, me gustaría agradecerle su confianza en mí por comprarlo y leerlo hasta el final. Lo escribí con compromiso y pasión. Espero que se haya beneficiado de ella y que contribuya a su desarrollo. Si te ha gustado este libro, no dudes en compartirlo a tu alrededor y compartir tus impresiones en las redes sociales. No dude en dejar un buen comentario en la página web de Amazon (y/o en la de la FNAC y en las de otros distribuidores online). Esto me es muy útil porque, además de ayudar a los futuros lectores a elegir este libro, los algoritmos de Amazon estiman la popularidad de un libro por el número de comentarios que quedan. Y cuanto más popular es un libro, más se posiciona Amazon favorablemente en las búsquedas.

Además, si quiere que continuemos el viaje juntos, puede unirse a mí en mi sitio web (www.geraldvignaud.com) para descubrir otras herramientas y los entrenamientos que he conceptualizado.

Finalmente, como mencioné al principio de este libro, creo en la importancia de la comunicación horizontal. Así que no duden en escribirme un mensaje directamente (www.geraldvignaud.com/livre-contact) para compartir sus comentarios e historias de éxito después de leer este libro. Personalmente leo todos los mensajes e intento contestarlos lo más a menudo posible.

Te veré pronto,

Amistoso,

Gérald Vignaud

<u>Sobre el autor</u>

Gérald Vignaud se graduó en la *Maestría de Negocios y en la* prestigiosa *Universidad de Maestría y* ha tenido una carrera excepcional en el mercadeo en red, donde llegó a ser Vicepresidente *Senior de* una de las compañías más grandes de la industria. Como experto reconocido en la industria, Gérald ha formado y entrenado a decenas de miles de personas.

Como entrenador de desarrollo personal, siempre ha enseñado que la clave del éxito y, más importante aún, de la realización personal, reside en la autoaceptación al asumir y trabajar en la propia diferencia, el factor X de cada uno.

Un experto en transformación personal, su primer cliente fue él mismo. Adicto durante casi 10 años, Gérald fue capaz de tomar decisiones y tomar medidas. Ha puesto en práctica las estrategias que ahora enseña para dejar las drogas e impulsar su vida hacia un éxito personal y profesional excepcional.

Durante varios años, ha inspirado, asesorado y trabajado con muchas personas de todas las categorías sociales/profesionales, incluyendo trabajadores autónomos, líderes empresariales, atletas de alto nivel, políticos y celebridades.

Como consultor de negocios, Gérald comprende y posee las claves y estrategias para ayudar a las empresas de todos los sectores a reinventarse. Les ayuda a reenergizarse para redirigirlos hacia los resultados más positivos y estables que desean.

Un **conocido orador,** Gérald se presenta regularmente ante públicos de entre 100 y 15.000 personas y ha compartido el escenario con personalidades como Chris Widener, **Darren Hardy** y Donald J. Trump.

Entrevistador y viajero apasionado, Gérald ha escuchado y aprendido de las miles de personas que ha conocido a lo largo de su vida.

Un empresario iconoclasta, Gérald es el fundador y director general de different.land, una plataforma de desarrollo personal única en el mundo. Se basa en la idea de que las tres claves principales para crear un futuro mejor son la educación, la ecología y la tecnología saludable, y que las tres están interconectadas. El sitio web de different.land tiene como objetivo ayudar a educar, inspirar y nutrir a una nueva generación de líderes. Uno que será responsable de construir un mundo mejor para el mañana, uno que dejaremos a nuestros hijos.

Verdadero amante de la naturaleza, Gérald es notablemente el cofundador de la asociación SOS Oceano. En asociación con la asociación sopa de plástico, su misión es informar, hacer que la gente entienda los desafíos que amenazan a nuestros mares y océanos y actuar para tratar de preservarlos. En términos más generales, Gérald también hace campaña por una mejor gestión de los recursos y un mayor respeto de los ecosistemas de nuestro planeta.

Un verdadero *Drogadicto del aprendizaje*, Gérald está constantemente tratando de aprender, de reinventarse a sí mismo y de poner el listón cada vez más alto en su vida.

La misión de Gérald es ayudar a construir las generaciones presentes y futuras ayudando a las personas a desarrollar sus diferencias y multiplicar sus valores personales, profesionales y financieros.

Si desea que Gérald Vignaud hable en su evento, por favor, póngase en contacto con nosotros directamente a través de la página web:

www.geraldvignaud.com

<u>Unas palabras sobre SOS Ocean</u>

Nuestro planeta, en general, y nuestros mares y océanos, en particular, están mal. Creo que cada uno de nosotros, a nuestro nivel, tiene la responsabilidad de actuar. Por eso, junto con algunos amigos, hemos creado la ONG SOS Ocean. Su misión es triple:

- Educar para un mejor conocimiento de los ecosistemas de nuestros mares y océanos.

- Informar al mayor número posible de personas de los peligros que les amenazan.

- Actuar para su protección y preservación, con especial atención a los problemas relacionados con el plástico.

Donaré todos los beneficios de este libro a esta organización. Al comprar un ejemplar de este libro, usted ha contribuido a esta importante misión. Si quieres saber más y/o seguir apoyándonos, únete a nosotros en sosocean.org así como en las redes sociales:

SOS Ocean es miembro de la red "1% para el planeta".

https://www.onepercentfortheplanet.org

<u>**Proceso de mejora constante y perpetua**</u>

Este libro está lejos de ser perfecto. Sin embargo, como todas las cosas que trato de hacer en mi vida, sigue un proceso de mejora constante y perpetua.

Si se encuentra con algún error de escritura o cualquier otra cosa que considere inexacta, no dude en hacérmelo saber para que pueda hacer las correcciones necesarias en versiones posteriores.

www.geraldvignaud.com/livre-contact

« Yo sola no puedo cambiar el mundo, pero puedo lanzar
la piedra que produzca muchas ondas en las aguas. »

Madre Teresa